Convention Management
Planning & Operation

글로벌시대의
컨벤션 경영과 기획론

김화경 저

백산출판사

컨벤션은 관광산업의 꽃이라 한다. 하나의 컨벤션을 개최하기 위해서는 첨단 장비를 갖춘 컨벤션시설과 대규모 숙박시설은 물론, 편리한 교통통신, 고도의 노하우를 지닌 전문인력 등 사회 각 분야의 유기적 발전이 필수적으로 요구된다.

컨벤션산업이 국민경제 발전에의 기여도가 높은 고부가가치산업으로 각광받게 되면서 컨벤션전시의 규모는 매년 확대되어가고 있다. 우리나라는 「국제회의 산업육성에 관한 법률」과 「무역거래기반조성에 관한 법률」을 토대로 컨벤션산업의 육성에 역점을 두고 있고, ASEM정상회의 개최를 위해 코엑스 컨벤션센터가 2000년 5월 개관된 이래 대구전시컨벤션센터, 부산전시컨벤션센터, 제주도 ICC, 광주 김대중컨벤션센터, 경기도 고양 KINTEX, 대전 DCC, 창원 CECO, 군산 GSCO가 개관되어 컨벤션산업이 새로운 꽃을 피우고 있으며, 특히 컨벤션산업에 대한 지방자치단체들의 관심이 크게 높아 체계적 육성을 위한 다양한 논의가 진행 중에 있다.

컨벤션산업이 산업 전반에 미치는 막대한 영향은 차치하고서라도, 하나의 컨벤션센터에서 요구되는 필요 인원은 약 4천여 명으로 시도별로 주요 시설이 하나씩 들어선다면 대략 5만 명에 이르는 전문인력이 필요하다는 게 업계의 추산이다.

하지만 현재 국내에서 활동 중인 국제회의전문기획가(PCO)의 수는 절대적으로 부족한 현실이고, 전문가와 교육을 위한 체계적인 교재도 부족한 실정이다.

본서는 이런 현실을 직시하고 실제 컨벤션의 전문 경영마인드를 갖춘 전문가를 키우기 위해 최신의 흐름과 자료를 분석하여 집필하였다.

먼저 컨벤션 총론편에서 컨벤션에 대한 상세한 이해를 도왔고, 컨벤션 현황편에서 세계 컨벤션시장, 우리나라 컨벤션산업의 현황을 소개하고, 컨벤션 공급과 기획요소 및 구성편에서는 컨벤션 공급, 컨벤션 관리과정 등 실질적인 경영실무를 다루었으며, 컨벤션 기획운영 실무 및 사례편에서는 단계별 진행 내용은 물론 마지막으로 구체적인 사례까지 제시해주고 있다. 호텔 컨벤션과 파티 기획편에서는 호텔의 수입 면에서 점차 큰 비중을 차지해가고 있는 컨벤션의 전문적 관리를 위해 호텔에서의 컨벤션에 관한 다양한 설명을 해줌으로써 이해하기 쉽도록 하였다.

본서 출판을 통해 학생뿐 아니라 관련 분야 실무자, 전문가에게 도움이 되리라는 기대를 가지고 나름 최선을 다했지만 막상 초고를 만들고 보니 특히 컨벤션산업 실무영역에서는 여전히 많은 아쉬움과 부족함을 느낀다.

앞으로 지속적인 강의와 연구, 실제 산업현장에서의 경험을 통해 꾸준히 보완해 나갈 것을 약속드리며, 마지막으로 책의 출간을 위해 힘써 주신 킨텍스 김태칠 처장님을 비롯한 많은 분들과 백산출판사 진욱상 사장님께 깊은 감사의 인사를 드린다.

저자 김화경 씀

차 례

Part **1**

컨벤션 총론

제1장 컨벤션의 개념

컨벤션의 개념

1. 컨벤션의 정의 및 의의

1) 컨벤션 정의

컨벤션의 사전적 정의는 "국제적인 이해사항을 토의·결정하기 위하여 여러 나라의 대표자가 모여서 여는 회의"라고 되어 있다. 여기서 회의란 모임(meeting)을 전제로 한다는 것을 알 수 있다. 따라서 컨벤션 또한 국제 간에 열리는 모임 (international meeting)을 전제로 한 광의의 개념으로 설정할 수 있다. 최근 컨벤션이 여러 가지 유형의 국제적인 모임을 의미하는 포괄적인 개념으로 받아들여지고 있고 국제회의와 컨벤션은 동일한 개념으로 받아들여진다.

아시아 컨벤션협회(Asians Association of Convention & Visitor Bureaus)의 컨벤션에 대한 정의를 살펴보면 "공인된 단체나 법인이 주최하는 단체회의, 학술, 심포지엄, 기업회의, 전시, 박람회, 인센티브 관광 등 다양한 형태의 모임 가운데 전체 참가자 중 2개 대륙 이상에서 참가하는 외국인이 10% 이상을 차지하고, 방문객이 1박 이상을 상업적 숙박시설을 이용하는 형태의 모임"을 컨벤션으로 정의하고, 동일 대륙에서 2개국 이상이 참가하는 컨벤션을 지역회의(regional meeting), 참가자 전원이 자국이 아닌 다른 나라로 가서 개최하는 형태는 국외행사로 분류하고 있다.

한국관광공사는 컨벤션을 "국제기구 본부에서 주최하거나 국내단체가 주관하는 회의 중 참가국 수가 3개국 이상이고 회의기간은 2일 이상이며 외국인 참가자 수는 10명 이상인 회의"로 정의하고 있다.

또한, 『국제회의산업 육성에 관한 법률』에서는 국제회의를 "상당수의 외국인이 참가하는 회의(세미나, 토론회, 전시회 등을 포함)로서 대통령령으로 정하는 종류와 규모에 해당하는 것"으로 정의하였다. 그리고 그 종류는 세미나, 토론회, 학술대회, 심포지엄, 전시회, 박람회, 기타 회의 등으로 하고, 그 규모는 국제기구나 국제기구에 가입한 기관 또는 법인·단체가 개최하는 회의로서는 참가국 수 5개국 이상, 참가자 300인 이상, 참가 외국인 100인 이상, 그리고 개최기간은 3일 이상으로 설정하고 있으며, 국제기구에 가입하지 아니한 기관 또는 법인·단체가 개최하는 회의로서 회의 참가자 중 외국인이 150명 이상, 2일 이상 진행을 규정하고 있다.

『국제회의산업 육성에 관한 법률』 제2조 제2호에서 "국제회의산업"이란 국제회의의 유치와 개최에 필요한 국제회의시설 및 서비스 등과 관련되는 "산업"이라고 정의하고 동법 시행령 제3조에서는 국제회의시설의 종류를 전문회의시설, 준회의시설, 전시시설 및 부대시설로 구분하여 규정하고 있다.

그리고 『관광진흥법』 제3조 제4호에서는 컨벤션 서비스업(Professional Convention/ Congress Organizer)으로서 국제회의업을 "대규모 관광수요를 유발하는 국제회의를 개최할 수 있는 시설을 설치·운영하거나 국제회의의 계획·준비·진행 등의 업무를 위탁받아 대행하는 업"으로 규정하고 있다

2) 컨벤션 의의

수많은 국가군으로 형성되어 있어 정치·경제·사회·문화 등 각 분야에 걸쳐 상호협력과 교류가 용이하게 이루어지는 환경적 특성은 유럽의 컨벤션산업 발전에 핵심적인 요인으로 작용하고 있다. 그러나 금세기 들어 교통과 통신시설을 포괄하는 세계적인 산업으로 성장하여 서로의 발전과 복리증진, 국가 간의 상호이해, 더 나아가서는 세계평화 유지에도 기여하는 바가 크다.

컨벤션이 하나의 "산업"으로 먼저 정착한 곳은 유럽지역이며, 흔히 컨벤션은

관광산업의 꽃이라 한다. 하나의 컨벤션을 개최하기 위해서는 첨단장비를 갖춘 컨벤션시설과 대규모 숙박시설은 물론, 편리한 교통통신, 고도의 노하우를 지닌 전문인력 등 사회 각 분야의 유기적 발전이 필수적으로 요구된다. 컨벤션산업이 국민경제 발전에 기여도가 높은 고부가가치산업으로 각광받게 되면서 컨벤션시장의 규모는 매년 확대되어가고 있다.

이에 따라 오늘날 각국 정부의 컨벤션 전담기구에서는 컨벤션산업의 중요성을 깊이 인식하고 각종 컨벤션뿐만 아니라 전시·박람회, 학술세미나, 제반 문화예술 행사, 스포츠행사, 외국기업체들의 인센티브 관광 등의 유치에도 총력을 기울이고 있다.

우리나라도 급속한 경제성장에 따른 국력신장에 힘입어 해외 여러 국가들과 각 분야에서 교류를 확대해 왔으며, 항공망의 꾸준한 확충과 숙박시설 및 컨벤션시설 등 컨벤션 기간산업의 발전으로 각종 컨벤션, 전시회 등의 국제행사가 해마다 증가추세를 보이고 있다.

현대 정보사회에서는 컨벤션은 사람과 사람의 모임으로서 매스 미디어(mass media)를 통해서는 전달될 수 없는 정보를 체험하고 수집할 수 있는 장이 되고 있다. 따라서 오늘날 컨벤션을 일컬어 제3의 미디어라고 말하고 있다. 또, 컨벤션사업(International Convention Business)은 새로운 신종사업인 뉴 비즈니스(New Business)이고, 회의의 준비 작업에 온갖 정성을 기울여야 하는 종합예술사업이며, 회의주제와 발표자 선정을 제외하고 모든 업무를 전문가에게 맡겨야만 하는 종합서비스사업이라고 한다.

그리고 아시아지역의 국가들은 광의의 의미에서 컨벤션산업을 MICE(Meeting, Incentive, Convention & Exhibition)산업이라 하여 컨벤션뿐 아니라 같은 범주에 속하는 각국 단체나 외국기업들의 해외개최 회의, 인센티브 관광, 전시회, 박람회 등을 컨벤션산업에 포함시키고 있다.

2. 컨벤션의 역사[1]

사람들이 존재하는 순간부터 회의는 있어 왔다. 고대의 유적지의 발굴에서 나

---

1) 주현식·박봉규(2004), 컨벤션관리론, 도서출판 대명, pp. 21~23, 재인용.

타나고 있는 바와 같이 사람들이 모여 공통적인 관심사를 논의하기 위해 모이는 회합의 장소가 발견되고 있다.

컨벤션 분야가 하나의 산업으로 가장 먼저 정착한 곳은 유럽으로서, 각종 국제기구 및 본부의 65%가 이 지역에 소재하고 있고, 또한 전 세계의 약 57%의 국제회의를 개최하는 등 세계 컨벤션산업의 중심지인 것이다. 컨벤션과 국제회의에 대한 정의가 그동안 국내외를 막론하고 정확한 구분 없이 혼용된 원인은 처음에는 컨벤션의 의미가 국내회의를 의미하던 것이 국제 간 교류의 증진으로 인하여 국제 간 회의를 포함하게 된 것으로 정의하였기 때문이다.[2]

컨벤션이라는 용어는 본래 미국에서 대회, 집회 등의 의미로 사용되어져 왔다. 컨벤션의 기원은 확실하지는 않으나 고대사회부터 공통적인 관심사인 부족 내 행사, 사냥계획, 전시활동, 평화협정, 종교행사 등을 논의하기 위해 사람들이 모였고, 부족장이나 리더를 중심으로 회의라는 공동의 장을 마련하여 이들 문제를 논의했음은 틀림없는 사실이다.

각 마을이나 도시에는 공동의 회합장소가 있었지만 시간이 흐를수록 상업이 번창하고 교역을 하기 위한 장소가 필요하게 됨에 따라 이를 특화한 도시가 등장하게 되었다. 따라서 이러한 도시는 지리적 위치의 중심이 되었고, 지역 간의 교통수단이 발달함에 따라 교통의 중심지가 되었으며, 규모가 커지면서 그 필요성이 더욱 증대되기에 이르렀다.

컨벤션은 미국을 중심으로 발전된 개념으로 1950년대 이래 성립된 것으로 보이며, 이와 유사한 개념으로 영국과 프랑스를 중심으로 발달한 엑스포(Expo)와 페어(Fair), 그리고 독일을 중심으로 하는 메세(Messe)가 있다. 이 중 가장 오랜 역사를 지닌 것은 독일의 메세인데 상인들이 물건을 팔기 위한 목적으로 개최한 견본시(Trade Show)가 이루어지던 곳으로서 750여년의 역사를 지니고 있다.

유럽에서 발전된 엑스포, 페어, 메세 등은 주로 교역을 위한 전시기능과 이벤트가 강조되고 부수적으로 회의 등이 이루어지는 시설인데 반하여 컨벤션은 집회의 기능이 강조되고 전시기능이 부가되는 시설로서 엄밀히 말하자면 서로 다르다고 할 수 있겠으나 상통하는 개념으로 사용되고 있다.

특히 중세 유럽의 경우, 경제·상공업 도시의 발달과 함께 12세기 무렵에 길드

---

2) C. D. Coffman, Marketing for a Full House(Cornell University), 1970, p. 5.

(Guild)가 결정되었는데, 길드는 오늘날의 동업조합과 같은 개념으로 도시 간 상호협조와 친목을 도모하고, 사업의 독점과 과열경쟁을 방지하기 위한 일종의 경제회의였다.[3]

또한 1600년대 영국사로 거슬러 올라가면 "영국의 의회가 1660년과 1688년 2회에 걸쳐 국왕의 승인을 없이 의회가 소집되었는데 Convention이라는 용어는 이때부터 사용되기 시작했다.[4]

컨벤션의 효시는 1648년 '웨스트 파렌(West Falen) 회의'라고 말하지만 실제적으로 국제적인 규모로 개최된 것은 1815년 오스트리아에서 개최된 '빈' 회의이다. 이 회의는 나폴레옹 침략 후 유럽의 사태를 수습하기 위해 영국, 오스트리아, 프로이센, 러시아 등 4개국이 동맹을 체결한 이후, 정기적인 회의를 열어 국제평화 질서유지를 위한 회의를 계속함으로써 컨벤션이 발전하게 되는 획기적인 전환점이 된 것이다.[5]

그 후에 유럽에서는 콩그레스(Congress)라는 용어가 국제회의의 의미로 사용되었고, 국제평화와 국가 간의 우호증진의 목적으로 국제연맹, 국제연합 등 국제적 조직으로 시작하여, 국가 간의 교류가 활발해져 현재에 이르고 있다. 유럽에 있어서 컨벤션의 기원과 발전과정은 근래에 와서 국가 간의 범위와 관계없이 각 도시가 지역의 활성화를 위해 혹은 도시의 세일즈 전략으로 적극적으로 포지셔닝을 하고 있다.

컨벤션은 역사적으로 보면 유럽형 메세와 미국형 컨벤션으로 크게 나뉘며, 근래에 와서 유럽을 중심으로 컨벤션이 탄생되었는데 본래 유럽에서는 물건을 중심으로 한 컨벤션의 역사는 오래된 것으로 문헌에 나타나고 있다. 이러한 것은 독일을 중심으로 발달하였는데 메세(Messe)라는 용어는 독일어이며, 라틴어로는 Missa이다.

---

3) 황희곤·김성섭, 컨벤션 마케팅과 경영, 백산출판사, 2002, pp. 24~25.

4) "ウェブスタ-辭典", 改訂版, 1985. 崔 圭ホアン, 韓國におけるコンベンションの動向とホテル經營接点", 立敎大學大學院, 社會學硏究科 應用社會學, 修士學位論文, 1994, p. 11, 재인용.

5) 金熙正, "國際會議における外交", 漢陽大學校, 行政大學院, 1981, p .7, 崔圭ホアン, 전게 논문, p. 11, 재인용.

3. 컨벤션의 종류

1) 규모에 따른 종류

회의, 박람회, 스포츠행사 등에 참가하는 인원이 많고 적음에 따라 구분한 것이다.

① **대규모** : 3,000인 이상 참석 – 박람회, 스포츠행사, 전시회, 올림픽, 여행단체 등
② **중규모** : 500인 이상에서 3,000인 미만 – 국제기구회의, 세미나, 학술회의 등
③ **소규모** : 500인 이하 – 지역적인 컨벤션, 정보학술, 세미나 등

2) 참가범위에 따른 종류

회의 참가자의 국가적 범위에 따라서 컨벤션과 지역회의로 구분한다.

3) 참가대상에 따른 종류

회의 참가자의 위치에 따라 대표자회의, 전문가회의, 실무자회의로 구분한다.

4) 형태에 따른 분류

컨벤션의 형태는 회의주제, 진행방법, 참가인원, 목적에 따라 분류할 수 있는데 크게 13가지로 구분한다.

(1) 회의(Meeting)

모든 종류의 모임을 포함시킬 수 있는 가장 포괄적인 용어로서 "모든 참가자가 단체의 활동에 관한 사항을 토론하기 위해 회의 구성원이 되는 회의"를 말하며, 회의는 구체적인 목적에 따라 다시 다양하게 분류되기도 한다.

(2) 컨벤션(Convention)

회의분야에서 가장 일반적으로 쓰이는 용어로서 정보전달(기업의 시장조사, 보고, 신상품 소개, 세부전략 수립 등)을 주목적으로 하는 정기집회에 많이 사용되며, 전시회를 수반하는 경우가 많다. 과거에는 각 기구나 단체에서 개최하는

연차총회(annual meeting)의 의미로 쓰였으나, 요즘은 총회, 휴회기간 중 개최되는 각종 소규모 회의, 위원회 등을 포괄적으로 의미하는 용어로 사용된다.

(3) 콩그레스(Congress)

컨벤션과 같은 의미를 지닌 용어로서 유럽지역에서 빈번히 사용되며, 주로 국제규모의 회의를 의미하고 있다. 컨벤션이나 콩그레스는 본회의와 사교행사 그리고 관광행사 등의 다양한 프로그램으로 편성되며 참가인원은 수천 명의 대규모가 보통이며, 연차로 개최되며 상설 국제기구가 주체이다.

(4) 콘퍼런스(Conference)

통상적으로 컨벤션에 비해 회의진행상 토론회가 많이 열리고 회의 참가자들에게 토론회 참여기회도 많이 주어진다. 또 컨벤션은 다수 주제를 다루는 업계의 정기회의에 자주 사용되는 반면, 콘퍼런스는 주로 과학, 기술, 학문분야의 새로운 지식습득 및 특정 문제점 연구를 위한 회의에 사용된다. 또한 콘퍼런스는 프랑스에서는 외교적 성격의 컨벤션을 의미하며, 미국에서는 주로 회의를 기본으로 하는 국제적 집회의 의미로 사용된다.

(5) 세미나(Seminar)

교육목적으로 개최되는 회의로서 발표자와 참가자가 단일 논제를 가지고 발표와 토론을 갖는다. 30명 이하의 참가자와 1인의 발표자로 구성되며 발표자의 우월적 지식전달이 위주가 된다. 공개적으로 토론한다는 점에서는 포럼, 심포지엄 등과 유사하며, 진행과정에서 발표자와 청중의 관계가 일방적이라는 면에서는 강연(speech)과 비슷하다.

(6) 심포지엄(Symposium)

특정의 화제에 대하여 여러 가지 각도에서 자유롭게 의견을 발표하고 질의토론하는 회의형식을 말한다. 포럼과 매우 유사한 형태의 회의로서 제시된 문제나 안건에 관하여 전문가들이 연구결과를 중심으로 청중 앞에서 벌이는 공개토론을 말한다. 포럼과 비교할 때 다소 형식을 갖추어 회의를 진행하며, 청중의 질의기회도 제한된다.

(7) 포럼(Forum)

고대 로마시대 공회용의 광장에서 나온 용어로 자유토론의 광장이다. 비교적 격식은 자유롭게 하며 토의주제에 대하여 상반된 입장에서 자기 주장과 질의를 할 수 있다. 사회자의 역할이 더욱 강조되며 능률적인 토론장의 운영이 요체이다. 심포지엄이 격식을 갖춘 토론형식이라면 이는 시민광장적 자유스러운 토론형식이다. 포럼은 제시된 한 주제에 대해 그 분야의 전문가들이 사회자의 주제하에 서로 다른 견해를 청중 앞에서 전개하는 공개토론회를 의미하며, 특징은 청중도 의견을 자유롭게 발표할 수 있다는 것이며, 청중과 전문가의 의견을 사회자가 종합한다.

(8) 패널 디스커션(Panel Discussion)

방청인들을 중심으로 장내를 메우고 발표자의 문제발표와 해당 전문가들 간의 상호 질문과 답변 등의 토론을 갖는 모임이다. 청중의 참여보다는 전문가끼리의 토론의 비중이 크며, 여기에 참여하는 발표자와 토론자는 완벽한 준비를 사전에 가질 수 있어 보다 효율적인 토론이 가능하다. 패널의 특징은 전문가의 발표 비중이 높아 청중의 기회가 제한적이라는 면에서 심포지엄과 유사하며, 청중에게 의견발표 기회가 주어진다는 점에서 포럼과 유사하다.

(9) 강연회(Lecture)

전문가가 일정한 형식에 따라 강연하며, 청중에게 질의 및 응답시간을 주기도 한다. 한 사람의 전문가가 일정한 형식에 따라 진행한다는 점에서 다수의 전문가가 참여하여 발표하거나 의견 또는 견해를 개진하는 포럼, 심포지엄, 패널 등과 구별된다. 그러나 청중에게 의견제시 기회가 부여된다는 점에서는 포럼, 심포지엄, 패널 등과 유사하다.

(10) 워크숍(Workshop)

회의 일부로 조직되는 훈련목적의 회의로서 30~50명 정도의 인원이 특정문제나 과제에 관한 새로운 지식이나 경험을 발표 및 토의하는 형태이다.

(11) 화상회의(Teleconference)

참가자들이 각기 다른 장소에서 화면을 통해 서로 대면하면서 서로의 의견을 교환하는 미팅방법으로서 커뮤니케이션을 위한 고도의 통신기술이 필요하다. 화상회의는 원거리를 오가지 않고 비용과 시간을 절약할 수 있고 회의를 할 수 있다는 점에서 주목받고 있으며, 오늘날에는 통신기술의 발전과 함께 각종 오디오, 비디오, 그래픽스 및 컴퓨터의 발달이 화상회의의 단점을 점점 극복해 주고 있어 그 발전이 주목되고 있다. 일부의 호텔, 컨벤션센터, 콘퍼런스센터 등은 화상회의의 수요증가에 대응하여 화상회의 장비를 도입하고 있다.

(12) 클리닉(Clinic)

대부분 소규모 집단이 참여하는 회의형태로서, 주로 소그룹을 위해 특별한 기술을 제공하고 훈련하는 것이 주목적이 된다.

(13) 강습회(Instruction)

강습회는 콘퍼런스, 세미나, 워크숍 등을 포괄한 의미로 사용되고 있다. 강습회는 보다 광범위한 교육기회를 제공하고, 같은 주제에 대해 보다 심층적으로 교육하고자 하는 경우에 실시한다.

5) 협회회의(Association Meeting)

각종 협회가 이와 관련된 주제와 관심분야의 회의를 개최하는 것을 말하며, 거의 모든 산업이 지역적, 국가별, 세계적인 단위의 협회를 갖고 있다고 할 수 있으며, 그 개최 건수도 많다.

① Convention : 컨벤션은 협회회의의 가장 전형적인 형태의 회의이다. 협회의 회원이 주된 참가대상이 되고, 대부분의 협회들은 비회원들에게도 참가를 허용하고 있다. 주된 목적은 협회회원들의 공통적인 관심사를 논의하는

것이며, 회의 중에는 총회, 워크숍(Workshop), 세미나(Seminar) 그리고 각종 Session들이 참가자들을 위해 열리게 된다.

② Education Seminar : 협회가 주최하는 회의들 중에서 교육을 목적으로 하여 개최되는 회의의 비율은 전체 약 30% 가량을 차지한다. 평균적으로 약 25명 내외가 참석하는 것이 보통이며, 주제와 규모가 한정되는 것이 보통이다.

③ Board Meeting : 협회의 이사회 또는 중역회의를 일컫는 말로서, 보통 분기마다 정기적으로 회의를 개최한다.

④ Training Meeting : 어느 특정 부분에 대하여 회원들에게 혁신적인 기술이나 새로운 방식이나 절차에 대한 정보를 제공하기 위해 개최하는 회의로서, 이런 행사는 보통 아주 특정한 분야나 주제에 한정시켜 행사를 개최하는 Education Seminar와 구분된다.

⑤ Committee Meeting : 협회의 소규모 회의들 중 약 2/3가량이 이에 해당된다. 회의주제, 장소선정 그리고 기타 특별한 관심사가 주로 여기서 다루어진다.

⑥ Regional & Local Chapter Meetings : 협회들은 지역회의 또는 지부회의를 개최하게 된다. 이런 회의들은 중앙협회가 주최가 되어 개최하기도 하고, 지부에서 주최가 되어 개최하기도 한다.

6) 비영리단체회의(Non-Profit Meeting)

비영리단체가 주최하는 회의를 말하며, 대표적인 비영리단체회의로는 국제라이온스클럽 세계대회, 보이 스카웃(걸 스카웃) 등의 총회나 잼버리대회 등이 있다.

7) 정부주관회의(Government Agency Meeting)

정부 또는 정부산하기관이 주관하는 전국적 또는 국제적 회의를 말한다.

8) 기업회의(Corporate Meeting)

기업회의가 개최되는 이유는 여러 가지가 있지만, 현대사회의 기업구조가 복잡 다양화되고, 더욱 경쟁적인 기업환경이 조성됨에 따라 기업들은 이에 대처하기 위해 기업과 관련 있는 소매업자 및 도매업자 등을 포함한 기업의 인력을 지속적으로 교육시키고 훈련시키는 활동이 필요하게 되었고, 이것이 기업회의가 개최되는 주된 이유가 된다.

① Management Meetings : 기업조직의 관리 또는 경영진급이 참석하여 이루어지는 회의로서, 기업재정에 관한 검토와 예산심의 또는 최근 기업환경을 토론하기도 한다.

② Incentive Trip : 회의와 여가(여행 또는 휴가)가 동시에 이뤄지는 형태이다. 포상여행이라는 용어로도 표현되기도 하는데, 보통 기간이 길며, 주 참가대상은 우수사원, 고객, 소매업자 그리고 도매업자들이 되며, 이들의 공로에 대한 기업의 보상행위 중 하나이다.

③ Sales Meetings : 영업사원들에게 새로운 상품을 소개하고, 판매전략을 논의하며 그리고 사기진작을 위한 기업회의의 한 종류이다.

④ New Product Introduction : 도매업자 또는 판매상들에게 신제품을 소개하고 제품의 판매나 서비스에 대한 책임을 맡고 있는 사람들을 격려하고 독려하기 위해 개최한다.

⑤ Professional & Technical Meetings : 기업회의의 약 1/3을 차지하며, 기업의 관심부분에 대한 정보 제공과 교육을 목적으로 개최된다.

⑥ Training Meetings : 경영진부터 영업사원, 생산직 직원 등 직급에 상관없이 모든 종사원을 대상으로 하여 새로운 설비, 기술, 업무절차 등에 관하여 교육시키는 회의이다. 기업회의의 가장 대표적인 종류 중 하나이다.

⑦ Shareholders Meetings : 기업의 주식을 소유하고 있는 사람들이 참가하는 주주총회를 말한다.

〈표 1-1〉 컨벤션 규모에 의한 분류

구분	정의	참가자수
대규모	전시회, 박람회, 스포츠행사, 올림픽 등	3,000명 이상
중규모	국제협회회의, 세미나, 학술회의 등(주로 학술회의)	500~3,000명
소규모	지역적인 국제회의, 정보·학술회의, 세미나 등	500명 미만

〈표 1-2〉 컨벤션 형태에 의한 분류

구분		정의/유형
성격에 의한 분류	Convention	• 회의분야에서 가장 일반적으로 쓰이는 용어로서, 정보전달을 주목적으로 하는 정기집회에 많이 사용 • 전시회를 수반하는 경우가 많고 총회 휴회기간 중에 개최하는 각종 소규모회의, 위원회회의 등을 포괄적으로 의미하는 용어 • 소그룹으로 나누어 회의
	Conference	• 콘퍼런스는 컨벤션과 거의 같은 의미를 가짐 • 일반적으로 많은 토의와 참가자를 수반 • 과학, 기술, 학문 분야의 새로운 지식 습득 및 특정 문제연구 회의참가들에게 토론회의 기회가 많이 주어짐
	Congress	• 콩그레스 용어는 유럽과 국제적인 이벤트에 가장 일반적으로 사용 • 콘퍼런스의 특징과 유사하게 사용 • 특이하게도 단지 미국에서만 입법부 자체를 대표 • 사교행사 또는 관광행사 동반
진행형태에 의한 분류	Seminar	• 주로 교육목적을 띤 회의로서, 특정분야에 대한 각자의 지식이나 경험을 발표하고 토의 • 30명 이하의 참석자 • 모든 지식과 경험을 공유할 수 있으며, 참가자들이 많은 의견을 주고받을 수 있음
	Symposium	• 제시된 안건에 대해 전문가들이 다수의 청중 앞에서 벌이는 공개 토론회 • 포럼에 비해 다소의 형식을 갖추며 청중의 질의 기회도 적게 주어짐 • 질문의 기회가 적음
	Forum	• 일반으로 패널리스트 또는 발표자를 정해놓은 것 • 많은 청중 참가자들은 패널리스트와 청중 양자에게 모두 질문을 할 수 있음 • 일반적으로 사회자가 요점을 정리하고 회의를 주도 • 많은 사람들이 전후방으로 토의하는 것이 특징이며, 청중들은 자유롭게 질의를 할 수 있음
	Panel Discussion	• 청중이 모인 가운데 2~8명의 연사가 사회자의 주도 하에 서로 다른 분의 전문가적 견해를 발표하는 공개 토론회 • 청중도 자신의 견해를 발표할 수 있음
내용에 의한 분류	Workshop	• 집단이 포함되는 일반적인 세션의 형식으로 불리워지기도 하며 특별한 문제는 연구 과제를 다루는 것 • 훈련기술과 숙달을 하기 위해 일반적으로 지도하는 것 • 참가자들이 마주본다는 것이 특징
	Lecture	• 강연은 매우 정형화되어 있거나 구조화된 것 • 한 사람의 전문가가 일정한 형식에 따라 강연하며 청중에게 질의 및 응답시간을 주기도 함
	Clinic	• 클리닉은 소그룹을 위해 특별한 기술을 훈련하고 교육하는 모임 • 소집단으로 한정
	Institute	• 콘퍼런스, 세미나, 그리고 워크숍은 때때로 강연회에서 주관하기도 함 • 무역 또는 전문가가 개설한 강습회는 보다 광범위한 기회를 제공할 목적으로 운영 • 매분기 교육프로그램
	Colloquium	• 주로 학문적 연구과제를 토론하는 비공식적인 회의로서, 서로의 생각과 관심사를 교환

Meeting	• 모든 종류의 모임을 총칭하는 가장 포괄적인 용어
Retreat	• 전형적으로 결속력을 강화할 목적으로 집중적인 세션을 계획하고 또한 모든 것을 떠나 간단하게 진행하는 것 • 소규모 회의

자료 : 주현식·박봉규(2004), 컨벤션관리론, 도서출판 대명, p. 47.

〈표 1-3〉 컨벤션 목적에 의한 분류

구분	정의/유형
Corporate Meeting	기업의 활동과 관련한 회의로서 다음과 같이 6가지로 분류가 된다. • Sales Meeting : 사기앙양, 신상품 소개, 기업전략의 수립, 판매기술 향상을 위한 교육목적으로 개최되는 회의 • Dealer Meeting : 판매를 목적으로 하는 판매업자 간의 회의로서 신상품 소개, 광고를 하기 위한 회의 • Technical Meeting : 전문기술자들 간의 이용기술에 대한 최신기술 개발, 기술혁신을 위한 회의 • Executive/Management Meeting : 경영자를 대상으로 하는 경영혁신과 관련된 회의 • Training Meeting : 최고경영자들이 참가하여 교육하는 사원연수 회의 • Public Meeting : 주주를 대상으로 하는 회의, 1일 이상 지속되지 않는 것이 보통
Association Meeting	협회와 관련된 주제와 관심을 다루는 회의로서 구체적인 것은 다음과 같다. • Trade Association : 협회 중에서는 생산업자, 공급업자, 중간도매업자, 소매업자와 독립적인 소규모 협회가 있으며, 전시회를 수반하는 대규모의 컨벤션의 개최 • Professional Association : 의학, 은행, 건축 등 전문분야의 협회가 국가적 차원에서 컨벤션 개최 • Scientific & Technical Association : 물리학협회, 공학기술협회 등이 정기적으로 컨벤션회의를 요청하는 특별한 회의 • Educational Association : 대표적인 것이 전국 국공립교사협회가 있으며, 수업이 없는 여름방학 동안 회의를 개최 • Veterans & Military Association : 재향군인회가 대표적이며 전우애를 고양시키기 위해 연차총회를 개최 • Fraternal Association : 회원들 간의 친목을 도모하기 위한 단체로서 대학동문회, 동호회 등 • Charitable Association : 자선활동이 목적인 단체로 적십자협회가 대표적 • Political Association : 민주당과 공화당이 대통령 후보자를 선출하기 위해 4년에 한 번 개최되는 전당대회가 대표적
Non-Profit Meeting	영리목적이 아닌 단체의 회의로서 세계잼버리대회, 세계크리스트교회의, 로터리클럽 세계대회 등이 있다.
Government Agency Meeting	정부가 주관하는 회의로서 아시아태평양 지역의 노동부장관회의, 관세협 이사회 등 연례적인 회의가 있다.

자료 : 주현식·박봉규(2004), 컨벤션관리론, 도서출판 대명, p. 49.

세계가 주목하는 고부가가치 산업 '마이스'…韓 현주소는?

지난해 국제회의 635건, 세계 3위 … 라스베이거스 CES 등 특화된 행사 육성해야

여수 디지털 갤러리에서 참가자 전원이 한복을 입고 만찬 행사를 가진 암웨이 포상여행 단체

사진제공 : 한국관광공사

#1. 2012년 6월 부산 해운대 벡스코에서 열린 '세계 라이온스 대회'. 전 세계 120개국에서 5만 명의 회원이 참가했다. 이 중 해외 참가자만 2만 명. 같은 해 개최된 2012 영국 런던올림픽에 204개국 1만 1000여명의 선수가 참여한 것과 비교하면 라이온스 대회의 규모를 짐작할 수 있다. 당시 부산발전연구원에 따르면 5일간 열린 라이온스 대회의 생산유발 효과는 1740억원, 고용유발효과만 2036명이었다.

#2. 지난 5월과 6월, 중국 암웨이 소속 우수사원 1만 8000명은 인센티브 여행으로 총 6차례로 나눠 제주도와 부산, 여수를 잇따라 방문했다. 한국관광공사에 따르면 이들이 순수 관광비용으로만 지출한 금액은 238억원. 암웨이 직원들은 신세계백화점과 롯데백화점에서 단체 쇼핑을 했는데 이들 백화점 매출은 평일대비 20~30배에 달했다.

4일 관련업계에 따르면 회의(Meeting)·포상(Incentive)·대회(Convention)·전시회(Exhibition)의 첫 글자를 딴 '마이스(MICE)'가 한국 여행 산업의 새로운 돌파구가 되고 있다.

매년 국가별 세계국제회의 개최횟수를 집계하는 국제협회연합(UIA)은 이달 초 '2013년 국가별 국제회의 통계'에서 한국이 사상 처음 3위에 올랐다고 발표했다. UIA가 인정하는 국제회의는 총

1만 1135건으로 이 중 한국에서는 635건의 국제회의가 열렸다. 내로라하는 마이스 선진국인 싱가포르(994건)와 미국(799건) 다음으로 많은 개최횟수다. 일본(588건)과 벨기에(505건), 스페인(505건)보다 한국이 마이스 만큼은 우위다.

여수 디지털갤러리 만찬행사에서 한복을 입고 기념 촬영 중인 암웨이 포상여행 참가자들

사진제공 : 한국관광공사

◇10년 만에 마이스 세계 3위, 민관이 합심한 쾌거=불과 10년 전만해도 한국은 마이스의 불모지나 다름없었다. 2003년 개최횟수는 지금의 7분의 1 수준인 93건에 그쳤다. 그러나 이후 한국관광공사와 정부가 앞장서서 마이스 산업을 키웠고, 세계 3위까지 치고 올라왔다.

우리 정부는 2009년 마이스 산업을 '17대 국가 신성장동력'으로 지정하고, 전방위적 지원에 나섰다. 한국관광공사에도 전문 부서를 따로 만들어 우수 인력을 배치하고, 다양한 지원을 아끼지 않았다.

하드웨어 확충에도 정책의 힘이 실렸다. 불과 2000년만 해도 한국 컨벤션 시설은 서울 코엑스와 서울무역전시관(SETEC) 정도가 고작이었는데, 현재는 고양 킨텍스와 송도 컨벤시아, 대구 엑스코, 부산 벡스코, 제주 JCC 등 전국에 12개의 전문 회의시설이 가동되고 있다.

한국에서 유치한 국제회의도 많아졌다. 2013년 세계 에너지 총회가 대구에서 개최되었다.

사진제공 : 한국관광공사

◇한류 붐, 세계인이 찾고 싶은 한국 만들어야=한국 마이스 산업은 2010년 8위, 2011년 6위, 2012년 5위, 2013년 3위로 매년 순위가 올랐다. 여기에는 한국 드라마와 K-팝 등 한류 붐도 한 몫 하며 한국 관광에 대한 관심이 급증한 것도 작용했다.

박인식 한국관광공사 마이스진흥팀장은 "한국은 아시아 참가자뿐 아니라 유럽이나 미주 참가 자들 사이에서도 '한 번쯤 꼭 와보고 싶은 나라'로 인기가 높다"며 "한류뿐 아니라 IT, 의료관광, 외식, 관광명소 등이 다양하고 차별화한 관광 콘텐츠를 보유한 것이 인기 비결"이라고 말했다.

국가 차원에서 마이스를 키우다보니 한국은 G20 정상회담(2011)과 핵안보 정상회의(2012), 세계자연보전총회(2012) 등도 성공적으로 개최하며 마이스 산업이 선순환하는 기틀을 다졌다. 초 대형 인센티브 여행 부분에서도 올해 상반기에만 중국 완메이그룹(6000명)과 크리티나그룹(3000 명), 우센지그룹(2600명), 태국 유니시티그룹(2700명) 등이 줄줄이 다녀갔다.

오는 8월부터 열리는 국제수학자대회(5000명)와 9월말 열리는 UN 생물다양성협약당사국총회 (1만 2000명)는 물론 내년에는 세계물포럼 등 굵직한 행사도 예고하고 있다.

이상옥 인터컨티넨탈호텔 세일즈2(컨벤션)팀장은 "한국은 G20 정상회의 등을 성공적으로 치 러내며 마이스 산업의 경험과 전문성을 한층 인정받고 있다"며 "하지만 마이스 산업이 한 단계 더 도약하려면 미국 라스베이거스 세계가전전시회(CES) 같은 특화된 행사를 지속적으로 발굴해 야 한다"고 말했다.

머니투데이 2014.07.07

4. 컨벤션산업의 특성[6]

컨벤션시장은 관광시장의 한 부분이긴 하지만 일반 관광시장과는 구별되는 특징이 있다.

1) 1인보다는 그룹이 참여한다

컨벤션시장에는 개인보다는 그룹이 참여하는 경우가 대부분이며, 이들 그룹은 몇 명으로 구성될 수도 있고 수백, 수천 명이 될 수도 있다.

2) 더욱 세밀하고 전문화된 기획력을 필요로 한다

컨벤션 기획은 일반 출장에 비해 복잡하고 더 많은 시간을 필요로 한다. 따라서 행사 개최일보다 수년 앞서 기획되는 것이 보통이다. 예로 대구광역시에서 2018년에 개최되는 2,500명 규모의 '2018 세계기생충학회총회'는 2014년에 유치가 결정되었다.

3) 전문화된 회의 기획가와 복잡한 결정과정이 포함된다

이러한 복잡한 기획과정으로 인해 전문적인 기획가를 필요로 하며 회의기획가는 개최지 선정에 중요한 영향력을 행사한다.

4) 여러 개최지에 대한 평가 및 선정작업이 이루어진다

일반적으로 개최지 선정을 위해 여러 후보 개최지가 심의되고 입찰과정을 거쳐 결정된다. 개최지 결정과정에는 회의기획가가 직접 후보 개최지를 방문하여 시설, 서비스, 관광명소 등을 평가하는 작업도 포함된다. 이러한 회의기획가의 여행 경비는 보통 입찰에 참가한 주최측, 또는 수주하고자 하는 호텔 측에서 부담한다.

---

6) 주현식 · 박봉규(2004), 컨벤션산업론, 재인용.

5) 개최지를 교체하여 개최된다

보통 컨벤션 행사는 개최 때마다 개최국, 개최지역을 돌아가며 개최된다.

6) 전문화된 시설과 서비스를 필요로 한다

회의 및 전시공간, 시청각 장비, 부스장치 등 전문화된 시설과 서비스가 필요하다.

7) 일반적인 관광비용보다 상대적으로 비용이 많이 든다

호주의 경우는 1일 평균 소요경비로 8배 이상, 미국의 경우는 컨벤션참가자 1인당 경비가 여가관광객에 비해 3배 이상의 비용을 지출하는 것으로 나타났다.

5. 컨벤션산업의 구성요소

컨벤션의 분야가 하나의 산업으로 가장 먼저 정착한 곳은 유럽이다. 국제기구 본부의 65%가 소재하고 있는 유럽은 전 세계 국제회의의 57%를 개최하는 등 세계 컨벤션산업의 중심지가 되어 왔다. 그러나 최근 컨벤션산업이 고부가가치의 신종산업으로 부상함에 따라 세계 각국은 홍보활동을 강화하고 컨벤션센터를 건립하는 등의 국제회의 유치에 총력을 기울이고 있으며, 특히 아시아지역 국가들은 국제회의뿐만 아니라 MICE(Meeting, Incentive, Convention, Exhibition)라 하여 같은 범주에 속하는 각국 단체나 외국기업들의 해외 개최회의, 인센티브 관광·박람회 등의 유치에도 전력을 기울이고 있어 새로운 컨벤션 개최지역으로 급격히 부상하고 있다.

우리나라도 국력신장 및 국제화에 따른 여러 국가들과 각 분야에서 교류가 확대됨에 따라 국제회의를 비롯한 전시회, 이벤트 등 국제행사 개최 건수가 해마다 증가추세를 보이고 있다.

최근 국제협회연합(UIA)이 발표한 자료에 의하면 2013년 한 해 동안 전 세계에서 총 11,135건의 국제회의가 개최되었으며(2012년 10,498건), 이 중 한국은 총 635건의 국제회의를 개최하여 세계 3위, 세계시장 점유율 6%를 차지하였다. 한국은 2011년 6위(469건), 2012년 5위(563건)에 이어 순위가 두 단계 상승하고, 아시아에서는 싱가포르에 이어 2위를 차지함으로써 국제회의 주요 개최국으로서 위상을 재확인하였다.

'96년 말에는 국제회의 유치촉진과 원활한 개최지원, 컨벤션 시설확충으로 컨벤션 개최 기반마련과 이를 통한 관광산업의 발전과 국민경제의 향상을 목표로 「국제회의산업 육성에 관한 법률」이 제정되어 우리나라 컨벤션산업 육성을 위한 제도적인 발판이 마련되어, 동 법률에 의거 한국관광공사는 '98년도 5월부터 문화체육관광부에서 관광진흥기금을 지원 받아 국내단체 및 기관들의 국내유치활동이나 국내개최가 확정된 국제회의 외국인 참가 증대를 위한 홍보활동을 중점 지원하고 있다. 또한, 각 지방에는 컨벤션뷰로가 건립되어 각 지역의 국제회의 유치를 지원하고 있다.

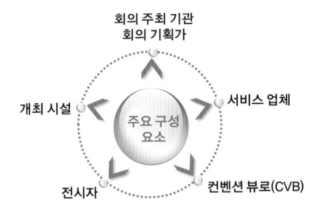

자료 : 안경모·이광우, 국제회의 기획경영론, 백산출판사, 1999.

〈그림 1-1〉 회의산업의 주요 구성요소

회의산업의 주요 구성요소는 〈그림 1-1〉과 같이 크게 4가지로 대별할 수 있다. 즉 회의 기획가와 이들이 대표하는 단체, 개최시설, 서비스 제공자, 전시자(Exhibitors), 컨벤션뷰로(Convention Visitor's Bureau : CVB) 등이다. 회의기획가는 회의, 컨벤션 그리고 박람회를 기획하는 개인이나 단체들이며, 기업만을 위해 일을 하는 기업회의 기획가와 협회, 학회, 조합과 같은 조직에서 일을 하는 협회회의 기획가, 그리고 협회 및 기업 등과 계약을 통해 용역을 제공하는 독립회의 기획가 등으로 구분할 수 있다. 개최시설은 컨벤션, 박람회 참가자들에게 숙박시설, 회의시설, 식음료와 기타 많은 다른 서비스를 제공한다. 일반적으로 개최시설로는 호텔, 콘퍼런스 센터(Conference Center), 리조트 호텔, 대학 등을 들 수 있다.

서비스 제공자는 이들을 지원하는 개체나 조직을 말한다. 서비스 제공자들은 많은 범위의 관련자들을 포함시킬 수 있으나 대체로 다음과 같은 것을 들 수 있다. 예를 들면 지상운영자, 개최지 관리기업, 연예인, 장식자, 운송회사, 관광자원과 관광안내원 등을 들 수 있다.

전시자는 모든 부분과 재정적으로 밀접하게 관련되어 있다. 이들은 회의 컨벤션, 박람회를 주최하는 기획가들이 필요로 하는 많은 수입을 제공한다. 전시자는 기업에 소속된 개인들이며 기업의 전시프로그램과 관련된 사람들로서 광고이사, 커뮤니케이션이사, 마케팅이사 등의 명칭으로도 사용된다.

컨벤션뷰로(CVB)는 각 자치단체의 비영리 기구로서 어떤 주최 측으로부터 회의나 컨벤션, 박람회에 관한 자문을 의뢰 받을 경우 자신의 도시로 컨벤션을 유치하기 위해 자신의 도시와 관련된 컨벤션시설, 호텔, 도급업자 등 전반적인 정보를 제공하고 유치 마케팅을 하는 기구이다. 결국 CVB는 자신의 도시를 컨벤션 유치도시로 판매하려는 목적을 두고 있다.

국내의 경우, 정부에서 국제회의 육성을 위하여 정책적으로 지원 법률에 따른 국제회의 도시 지정과 회의전담기구의 설치를 독려하면서 각 지역에 컨벤션뷰로를 설립하였다. 지역 CVB의 유형 및 운영은 지자체에 따라 상이하며, 주 역할은 크게 유치지원과 개최지원으로 나누어서 진행하고 있다.

유치지원의 주 업무는 국제회의 유치절차관련 자문, 유치제안서 컨설팅, 마케팅 활동 등 국제회의 유치에 대한 전반적인 업무부터 유치지원금 지원, 홍보 보조금 지원 등 예산지원을 통해 국제회의 유치를 지원하고 있다.

개최지원의 경우 국제회의 홍보지원, 시설, 숙박 및 교통 예약 또는 정보제공, 관광정보 제공 등 국제회의 개최 시 주최자들에게 실제 필요한 부분에 대한 지원활동을 실행 중에 있다.

<표 1-4> 국내 컨벤션뷰로 현황

구분	지역	컨벤션뷰로
1	서울	서울관광마케팅(Seoul Tourism Organization)
2	부산	부산관광컨벤션뷰로(Busan Tourism Organization)
3	제주	제주컨벤션뷰로(Jeju Convention & Visitors Bureau)
4	경기	경기컨벤션뷰로(Gyeonggi Tourism Organization)
5	인천	인천컨벤션뷰로(Incheon Convention & Visitors Bureau)
6	대구	대구컨벤션관광뷰로(Daegu Convention& Visitors Bureau)
7	대전	대전마케팅공사(Daejeon International Marketing Enterprise)
8	광주	광주컨벤션뷰로(Gwangju Convetion & Visitors Bureau)
9	창원	경남컨벤션뷰로(Gyeongnam Convention & Visitors Bureau)
10	경주	경주컨벤션뷰로(Gyeongju Convention & Visitors Bureau)
11	강원	(사)강원국제회의산업지원센터(Gangwon Convention & Visitors Bureau)

자료 : 한국관광공사(2014).

1) 회의의 주최조직과 기획가

(1) 회의주최조직의 유형과 목적

회의나 컨벤션의 소비자로 여겨지는 많은 그룹이 있다. 이들 그룹은 기업에서 협회, 종교단체에 이르기까지 매우 다양하다. 이들 그룹은 조직의 특정한 목적을 위해 여러 가지 이유로 회의를 주최하며, 주최자는 단체 혹은 개인이 될 수 있다.

이들 기구들은 많은 이유로 회의나 박람회를 주최하는 것을 결정한다. 기업의 경우에는 회의가 정보의 확산, 문제의 해결, 직원교육, 미래의 기획 등이 될 수 있다. 협회의 경우는 조직망 구축, 회원교육, 문제해결 혹은 수입의 창조 등이 될 수 있다.

회의의 필요성 유무를 결정하는 것은 회의기획에서 첫 번째이자 가장 중요한 단계이지만 흔히 그 중요성이 간과된다. 회의에 대한 필요성이 있다고 인정되면 회의에 대한 책임을 부여받은 부서는 행사를 어떻게 기획할 것인가를 결정해야만 한다. 기획은 회의의 기획, 조직, 실행에 대한 방법을 모르는 개인에게 종종 맡겨진다. 그 결과, 회의가 부실하게 기획되고 참가자가 참가 후 불만족스럽게 느끼는 경우가 종종 있다. 따라서 많은 경우 전문 컨벤션기획가에게 일임하여 기획, 조직, 실행을 일임하는 것이 효과적일 것이다.

이 경우 위에 언급한 문제들은 피하게 되어 주최자의 경제적 부담도 절약할 수 있게 된다. 박람회의 경우 주최자는 박람회 운영자의 역할을 하거나 이 업무를 대신한 다른 사람을 물색하게 된다. 박람회 운영자는 협회 혹은 전시회 운영기업의 직원이 될 수 있거나 산업전시회의 개념화 및 전개와 같은 업무를 수행하는 민간 기업가일 수도 있다.

① 협 회

협회는 어떤 공동의 관심과 활동, 목적을 가진 사람들을 위한 조직구조라 할 수 있다.

현대적 의미의 협회에 관한 기원은 역사 속에서 찾아볼 수 있는데 로마와 동양의 수공업자가 교역을 많은 교역을 하기 위해 협회를 조직했고, 중세에는 적정임금과 표준작업을 유지하기 위해 길드(Guild)라는 형태의 협회를 조직하게 된 것이다.

협회는 업계협회와 전문협회 두 가지로 구분되는데, 이들은 모두 회원들의 관계개선을 위해 존재하며 주요활동으로는 출판, 교육 세미나, 업계 소식지의 작성과 회의를 통하여 정보를 교환하는 것이다. 업계협회는 수익사업을 위한 필요성을 강조하기 위한 비영리조직으로서 협회의 회원들은 사업체를 대표하고 일반적으로 공동의 목표를 가지고 있다. 전문협회는 업계협회와 마찬가지로 비영리조직으로서 사업적인 목적과는 관련이 없으며 개별회원들의 공동의 이익에 관심을 갖는다.

② 기 업

기업은 다양한 이유로 회의를 필요로 하고 있다. 또한 회의는 외부 및 내부 간의 통합적인 커뮤니케이션의 부분으로서 기업의 회의가 증가하고 있다. 기업 회의 예로서는 이사회와 이해관계자들의 회의, 판매촉진회의, 마케팅회의, 교육회의, 신상품발표회, 동기촉진회의 등을 들 수 있으며, 이들 회의는 기업의 장애를 제거하고 전략을 확인하며, 교육과 정보를 제공한다.

③ 정 부

고위급 수준의 정부회의는 엄격한 VIP접대의 의전, 완벽한 보안, 각국 대표들에게 개별 사무실을 제공하고, 세계 각국의 언어로 동시통역하며, 광범위 미디어 시설과 같은 복합성을 띠는 것이다.

④ 종교단체

각 종교단체들이 자신들의 조직을 확대하며 선교활동을 목적으로 하는 회의로 서 세계 신학대회, 종교학술대회 등이 있다.

⑤ 관광단체

각국 또는 세계적인 관광기구들이 관광정책, 관광산업발전 및 관광홍보를 도 모하기 위해 갖는 회의로서 UNWTO, PATA, ASTA 등의 관련회의들이 있다.

⑥ 예술단체

예술인 또는 예술관련 단체들이 문화, 예술진흥, 학예발표, 전시 등을 목적으 로 갖는 회의로서 우리나라의 경우 예술의 전당과 세종문화회관에서 많이 개최 된다.

⑦ 사회기구

주로 사회적인 현안과제를 다루기 위한 목적으로 갖는 회의로서 지역 또는 국 가, 세계적인 사회단체와 대학 등이 연계되어 개최하는 경우가 많다.

(2) 국제회의 기획가

국제회의 유형과 규모도 다양해지고 단체의 종류 또한 다양해서 국제회의 기 획가를 정확히 정의하기는 어려운 일이다.

일반적으로 국제회의 기획가는 회의개념에서부터 회의평가나 미래 회의기획 에 이르기까지 회의관련 모든 사항이나 활동들을 관리하는 것이다.

2) 개최시설

개최시설은 회의, 컨벤션 혹은 박람회를 수용하는 데 사용되는 모든 시설을 의 미하는 것으로 이러한 행사시설에는 크게 나누면 국제회의를 전문적으로 개최할 수 있는 전통적 시설과 환경과 여건에 따라 국제회의를 개최할 수 있는 비전통적 개최시설로 구분할 수 있다.

과거에는 개최시설 역할은 단지 객실과 음식만을 생각했다. 그러나 오늘날에는 개최시설 부문은 회의의 전반적인 기획과 실행에도 밀접한 관련이 있다. 이러한 관여는 프로그램의 설계와 판매를 돕고, 환대프로그램, 주제파티, 스포츠이벤트 등의 기획을 지원함은 물론, 새로운 컨벤션기획가를 훈련하는 것 등을 포함한다.

(1) 전통적인 개최시설

① 컨벤션센터

대단위 컨벤션센터는 같은 건물에서 회의와 전시를 동시에 개최하도록 설계된 공공집회장소이며, 대부분 연회, 식음료, 구내서비스 등을 제공하는 설비를 갖추고 있다. 우리나라는 서울에 6,000명을 동시에 수용할 수 있는 컨벤션홀과 3개의 대형전시장을 갖춘 COEX가 2000년 5월 개관을 하였으며, 2001년 5월에는 부산에 BEXCO가 개관되고 그 뒤를 이어 대구 EXCO, ICC 제주, 송도컨벤시아, 고양 KINTEX, 대전컨벤션센터(DCC), 김대중컨벤션센터, 창원컨벤션센터(CECO)이 개관하였고, 군산의 GSCO, 경주의 HICO 등이 문을 열었다.

주요 국가의 컨벤션센터를 보면 미국은 지역경제 활성화를 목적으로 주로 주정부 또는 시정부 차원에서 투자와 운영을 담당하고 있으며, 대부분의 지역이 컨벤션센터를 보유하고 있다. 유럽의 경우 컨벤션센터는 전시기능 위주로 출발하여 1950년대 이후 관련시설의 수용을 통한 복합형태의 전문컨벤션센터로 발전하였으며, 최근에는 첨단정보통신시설의 집적을 통해 도시기반시설로 기능하고 있다.

이와 같이 대부분의 국가는 지방자치단체에서 컨벤션을 소유하고 있으며 지정된 부서나 당국의 관리 하에 운영되고 있다. 어떤 경우는 공공소유의 시설이 민간소유의 운영기업에 의해 운영되는 경우도 있다. 컨벤션센터는 업계의 전시회를 개최하기 위해 대규모 유연성 있는 공간을 제공하는 것을 물론이고 연회, 회의 그리고 협회의 리셉션 등을 위한 소규모 공간도 제공한다. 일반적으로 미국의 경우 CVB가 컨벤션센터의 마케팅을 지원하지만, 몇몇 컨벤션센터는 자체적으로 마케팅요원을 고용하여 운영하고 있다.

컨벤션시설의 특징을 살펴보면 다음과 같다.

가. 전시나 회의 공간의 임대 및 식음료 케이터링, 구내 서비스시설과 판매를 통해 수익을 창출한다.

나. 전시를 하는 전시자들에게 전기, 전화, 무대장식/조명, 배관, 방송과 음향 등 전문적인 서비스를 제공한다.

다. 숙박시설이 없는 회의와 박람회를 위한 시설이다.

라. 일반적으로 정부와 지방정부의 자금지원을 받고 시, 지역호텔업자, 상인들의 수입을 위하여 활용된다.

마. 일반적으로 호텔이나 다른 숙박시설에 매우 근접되어 있으므로 참가자들의 접근이 용이하다.

② 콘퍼런스센터

콘퍼런스센터는 평균 20~50명 사이의 중·소규모의 회의만을 수용하기 위해 특수하게 설계되고 설비를 갖추어서 운용되는 곳이다. 콘퍼런스센터가 컨벤션센터와 크게 다른 점은 참가자들을 위한 숙박시설을 제공한다는 점이며, 따라서 회의참가자들은 콘퍼런스 기간 동안 센터를 벗어나지 않아도 된다. 참가자들에게 필요한 것은 식사에서 숙박과 여가활동으로 콘퍼런스센터 자체에서 제공되기 때문이다.

콘퍼런스센터의 일반적 시설의 기준은 아래와 같다.

- 단일회의 목적을 위한 공간의 충실성
- 우수한 시청각 능력
- 큰 사이즈의 객실과 조명시설이 잘된 작업 공간
- 콘퍼런스 서비스 직원

③ 컨벤션호텔

호텔은 컨벤션과 회의산업 초기에 상당히 중요한 역할을 하였다. 오늘날 호텔의 역할은 확연히 달라졌지만 컨벤션과 회의산업에 있어서 아직도 그 중요성은 변하지 않고 있다. 회의 컨벤션, 산업전시회에 참석하기 위해 타지에서 온 고객들은 편안한 숙박시설을 필요로 하고 있으며, 많은 호텔이 회의와 컨벤션을 위해 회의장과 컨벤션시설, 그리고 작은 박람회장소를 제공한다.

④ 리조트

업무와 오락의 병행에 중점을 두는 경향이 늘어나면서 회의단체는 회의, 컨벤션, 박람회를 리조트에서 개최하는 것을 선택하게 되는 것이다. 그러므로 회의참가자들은 회의에도 참가할 수도 있고 그리고 휴가도 즐길 수 있다.

(2) 비전통적인 회의 개최시설

비전통적인 회의 개최시설은 회의 및 컨벤션영역에서 매우 두드러진 시설로서 오늘날 많은 회의와 콘퍼런스가 유람선, 기차, 일반 숙박시설, 대학 등에서 개최되고 있다.

① 유람선

유람선산업은 회의단체의 업무성격에 맞게 편의를 제공할 수 있도록 선박의 디자인을 변경하고, 최근에 들어와서는 회의에 적합하도록 선박이 건조되고 있다. 그러나 유람선(Cruise)을 이용한 회의는 비용 면에서 제한적이고 대부분의 회의단체들은 다른 전통적인 시설에 비해 유람선의 비용 때문에 사용실적이 저조한 편이다.

② 철 도

회의 개최시설로서 기차는 회의단체에 있어 또 다른 독특한 선택이 되며, 기차는 회의에 도움이 되는 분위기를 제공한다.

③ 대 학

대학은 또한 회의와 컨벤션에 있어 한 부분을 차지하고 있는 영역이다. 대학은 여름방학기간 동안 회의와 컨벤션을 개최하여 많은 수입을 발생시키고 있으며, 또한 숙식을 제공하는 대학도 늘어나고 있는 실정이다.

3) 서비스 제공업자

서비스 제공업자(Service Suppliers)는 운송회사, 현지운영회사, 관광자원, 관광안내원, 대행업체, 장식업체, 시설업체 등이 있다.

4) 전시자

산업전시회 주최자(Trade Show Sponsors)는 일반적으로 수입을 창출하기 위해 산업전시회를 이용하는 업계 또는 전문협회이다. 산업전시회의 주최는 가장 이윤지향적인 사업이기 때문에 기업들은 특정 산업전시회를 개최하고 제품을 판매하기 위한 목적으로 발전되었다.

주최자들은 산업전시회가 개최되는 물리시설을 조달할 책임이 있고 전시회의 운영을 맡고 있다. 이러한 운영은 전시자 목록의 개발, 전시자와 참가자들에 대한 전시회의 마케팅, 공급자의 조직, 전시장의 반입반출의 조직, 산업전시회와 관련된 모든 재정적 책임과 계약을 감독하는 것을 포함한다. 주최자의 전문지식과 전시회의 크기에 따라 이 운영은 자체적으로 행해지거나 독립전시회 또는 전시회 담당자와 계약에 의해 실행된다.

5) 컨벤션뷰로(CVB : Convention and Visitor's Bureau)

컨벤션뷰로는 방문객과 컨벤션을 지역사회에 유치하기 위한 비영리기구이다. 대부분 CVB는 민간에서 운영하며 호텔숙박세가 주요 자금조달원이 된다. CVB는 개최지의 마케팅을 포함한 회의와 컨벤션을 포괄하는 활동, 잠재개최시설 부분에 관한 정보의 제공, 관심있는 회의기획가와 협회간부의 FAM Tour(Familiarization Tour)의 기획, 단체와 지역사회 내의 많은 공급자들 간의 섭외역 등 관련된 모든 활동을 조정하는 기구이다.[7] 국제컨벤션뷰로협회(IACVB)의 정의에 의하면 "CVB는 도시를 방문하는 모든 형태의 여행자를 소구하고 서비스를 제공하는 도시를 대표하는 비영리 기구"라 하고 있다.[8]

---

7) E. G. Polivka, Professional Convention Management Association Birmingham, Alabama, 1996, pp. 213~225.
8) IACVB General Information 1990, p. 2.

CVB는 지역사회 내에서 다양한 부문, 즉 자치단체와 산업협회, 호텔, 식당, 관광자원시설과 같은 개인 공급업자 등의 역할을 조정하는 조직으로 잠재방문자와 지역사회의 산업체 간의 중재자로서 활동을 한다.

CVB의 중요한 업무는 다음과 같다.

① CVB가 대표하는 해당 도시에서 회의, 컨벤션, 산업전시회를 개최하도록 여러 단체를 유치

② 회의 준비를 위한 이들 단체의 지원과 회의 전반을 통한 지원제공

③ 해당 도시가 제공하는 역사적, 문화적, 레크리에이션 지역을 방문하도록 관광객의 장려

④ 해당 CVB가 대표하는 지역사회의 이미지 전개와 촉진 위에 언급한 사항을 종합하여 간단히 말한다면 CVB는 도시를 판매하려는 목적을 지닌 조직이라고 할 수 있다. 현재 미국 내 각 도시에는 CVB가 있으며, 프랑스, 영국, 독일, 일본도 지역을 대표하는 CVB가 있으며, 국내의 경우, 한국관광공사 MICE Bureau를 중심으로 11개의 지역 CVB가 있다.

6. 컨벤션의 파급효과[9]

1) 주최 측의 입장

컨벤션을 개최하는 주최 측은 다음과 같은 효과를 기대할 수 있다.

(1) 정보교환촉진

컨벤션이 추진목적으로 하는 지역의 이미지 향상과 정보유입, 문화진흥, 국제교류촉진 등이 있으며, 이러한 요소들은 지역의 관광발전에 매우 유용한 것이다.

이 외에도 국제회의 참가를 계기로 지역의 유력자와 교류를 하게 되고 그곳에 공장을 진출시키는 예도 있다. 또한 컨벤션에 의해 정보교환이 이루어져 인적교류와 협동연구에 의해 상품개발 및 기술개발을 할 수가 있으며, 이러한 효과는 지역주민에게 자극을 주어 인재육성을 하게 되는 것이다.

---

9) 주현식·박봉규(2003), 전게서.

(2) 주최 측의 입지강화

국내·외 관계자에게 관련 분야 내에서 주최측 존재의 중요성 및 공헌도 등을 보여줄 수 있는 계기가 되므로 이를 통해 주최자의 입지를 강화할 수 있는 것으로 나타나고 있다.

주요 이벤트가 잠재적인 여행목적지로서 좋은 인식을 갖게 해서 개최 지역 또는 국가의 이미지 형성에 영향을 미친다는 사실은 명백한 것이다. 전 세계 언론의 주목을 받아, 그것이 상대적으로 짧은 기간이라 할지라도, 공공의 가치는 어마어마하다고 할 수 있다.

어떤 개최지에서는 이러한 사실 하나만으로도 컨벤션 개최에 드는 많은 비용을 정당화할 수 있다고 생각할 것이다. 왕과 기텔손(Wang & Gitelson)은 미국 사우스캐롤라이나의 찰레스톤(Charleston)에서 매년 개최되는 Spoleto Festival을 예로 들어 이 행사 자체만으로는 경제적인 이익을 가져다주지 못하나, "찰레스톤은 좋은 이미지를 유지하기 위하여 매년 이 행사를 개최한다."고 하였다.[10]

메가 이벤트(Mega-events)는 전 세계적인 언론의 주목을 끌 수는 있으나, 대부분의 축제와 스페셜 이벤트는 그렇지 못한 것으로 나타나고 있다. 그럼에도 불구하고 그러한 행사들은 국가나 지역에 있어 좋은 평판을 낳을 것이라 기대하며, 반복적인 홍보의 효과를 축적하려고 노력한다. 리치에(Ritchie)에 의하면, 많은 스포츠 이벤트는 관광객 인식을 강화시키는 주요한 유인물로서의 분위기를 성공적으로 창조한다고 하였다.[11]

체계적으로 보았을 때 모든 스페셜 이벤트는 개최지 및 지역사회의 테마를 발전시키는 데 중요한 역할을 할 수 있는 것이다.

이러한 스페셜 이벤트와 다른 전반적인 것들 사이의 관계는 개최지의 테마이미지의 예를 통해서 가장 잘 나타난다. 자연 매력물이 부족한 지역인 게르만 지역(German Country)과 같은 매력적인 테마를 육성하기 위하여 종족축제, 음식축제 등 일련의 문화적 축제를 발전시킬 수 있는 것이다. 역사적 건축물로 주목을 받는 지역에서는 역사적 테마를 활성화하고 재창조하기 위하여 역사적 이벤트와

---

10) P. Wang and R. Gielson, Economic limitation of festival & other hallmark events, Leisure Industry report(August), 1988, pp. 4~5.

11) J. R. B., Ritchie, Assessing the impacts of hallmark event : Conceptual and research issues, Journal of Travel Research 23(1), 1984, pp. 2~11.

같은 스페셜 이벤트와 연계할 수도 있는 것이다. 각기 다른 목표고객층에 부각하는 이벤트의 다양성은 일반적인 축제지역테마(Festival Country Theme) 또는 실외 스포츠나 경기에 기초한 테마를 창조하는데 사용되어질 수 있는 것이다.[12]

(3) 인적교류 증진

회의의 각종 프로그램, 특히 사교행사를 통해 참가자 간의 교류가 증진되는 것으로 나타나고 있다. 개최자(host)와 참가자(guest) 간의 문화적·경제적 차이가 크면 클수록 부정적인 효과가 발생할 가능성은 더 커지는 것으로 나타난다.

이벤트, 특히 주최지역에서 조직화되고 지원적인 역할을 하는 축제는 주최자 및 참가자 모두에게 의미 있는 좋은 메커니즘이 될 수 있다. 크리펜도르프(Krippendorf)는 '공정한 교환과 동등한 협력을 위한 선행조건'의 창조라고 불리는 비슷한 감정이라고 표현한 것으로 나타나고 있다.[13]

일시적인 주최자, 참가자 교류 대신에 컨벤션은 문화교류 활동에 있어 지속적인 참가를 유도할 수 있는 것이다. 주최자는 지역사회에 자부심을 느끼고 그것을 공유하려고 하며, 참가자는 행사에서 그들이 쉽게 참가할 수 있음을 지각하고 주최자가 그들을 환영하고 있다고 느끼게 되며, 만약 이러한 행사와 개방적인 분위기가 민박과 같은 주최자—참가자 간 다른 형태의 교류로 확장될 수 있다면 그들 사이의 교류는 더욱 더 많아지게 되는 것으로 나타나고 있다.

(4) 새로운 판매촉진

판매촉진책의 가장 새로운 방법으로 세일즈 컨벤션이 주목받고 있는 것으로 나타나고 있다. 대리점과 같은 거래처를 초대하여 제품의 성능 및 판매방법, 컨셉을 정확히 소구하는 방법인 것으로 나타나고 있다. 미국의 한 조사에 의하면 비용 대 효과라는 점에서 컨벤션이 가장 효과적인 판매촉진방법이라고 한다. 특히 부가가치가 높은 상품을 효과적으로 판매하는 데는 인간을 통해 제품의 효용 및 가치를 창조하여, 정확히 상대방에게 전달할 필요가 있는 것으로 나타나고 있다. 이렇게 기업이념 및 상거래, 판매 기술을 전달하는 장소가 세일즈 컨벤션인

---

12) D. Kujat, Kamloops, Tournament of B. C, Recreation Canada 47(4), 1989, pp. 6~8.

13) J. Krippensorf, The Holiay markets, Lodon : Heineman, 1987.

것이다.

또한 리조트, 박물관, 역사유적지, 레크리에이션, 선사시대 고고학 지역, 시장, 쇼핑센터, 스포츠 스타디움, 컨벤션센터, 심지어 테마공원(Theme Park) 등이 스페셜 이벤트 프로그램에 추가되어 증가하고 있으며, 그에 대한 잠재이익은 다음과 같다.[14]

① 지역이나 시설의 활성화, 예를 들면 역사적인 재현이나 문화이벤트를 통해서 방문할 계획이 없던 사람들까지 유인
② 한 번의 방문으로 충분하다고 생각하는 사람들까지 재방문 유도
③ 정적인 관광매력물에 대한 방문을 고려하고 있지 않던 친구나 친척들의 방문 촉진
④ 지역 및 시설에 대한 홍보 촉진

(5) 지역활성화 수단

미국에서 컨벤션 유치의 원래목적은 관광지의 비수기 대책이었다. 호텔 및 관광시설을 연중 가동시켜 음식 및 토산품의 매상을 증진시키려는 목적으로 컨벤션을 개최하기 시작하였으며, 세계적인 박람회와 올림픽과 같은 메가 이벤트는 도시 재개발계획에 있어 촉매제로서 중요한 역할을 하기 때문에 정부의 지원을 부분적으로 받아왔다.

녹스빌 세계박람회(The Knoxville World's Fair)는 이미지 향상과 물리적 재개발을 통한 도시 재개발의 촉매제로서 인식되고 있다. 그것을 발전시킨 기반시설, 컨벤션센터, 개인적 투자, 좋은 세원, 테네시시(Tennessee city)의 새로운 일자리 제공원 등의 유산으로 남아있는 것이다.[15]

소규모 이벤트의 이미지는 쇼핑객을 재개발된 시장, 해안지역, 시립광장 등으로 유인하며, 좋은 이미지를 제공하는 것은 재개발과정에 있어 필수적인 한 부분인 것이다. 그리고 사람들을 이벤트로 유인하는 것은 부정적인 인식을 없애주는 것이다.

---

14) D. Gets, op. cit., 1991, pp. 8~9.
15) R., Mendell & J. MacBeth & A. Solomon, The 1982 world's fair-a synopsis, Leisure Today, Journal of Physical Education, Recreation and Dance(April), 1983, pp. 48~49.

미국 텍사스주의 샌안토니오는 컨벤션시티로서 부활한 전형적인 예라고 할 수 있다. 원래 농업과 군사기지로 번영했던 옛 도시였는데 시대의 변화와 함께 인구가 격감하였으나 이곳에 대규모의 컨벤션을 유치함으로써 현재는 연간 800건 이상의 컨벤션을 유치해 성공적으로 도시를 활성화시킨 것이다.

(6) 지역의 관광 비수기 대책

관광산업은 많은 지역에서 전통적 문제인 계절성을 극복하기 위해서 노력하고 있다. 스페셜 이벤트는 피크시즌(Peak Season)을 확대시키거나 새로운 관광시즌을 창출하는 데 쓰이는 일반적인 방법이다.

겨울 스포츠는 북부지방에서는 동계스포츠 대회, 겨울축제 이벤트 등 관광 비수기의 기반이 될 수 있는 것이다. 남부지방에서는 여름방문을 유도하는 바다축제, 하계스포츠대회와 같은 이벤트가 주로 개최되는 것이다. 이벤트는 이러한 점에서 독특한 이점을 가지고 있으며, 이벤트는 계절스포츠, 계절상품, 다른 음식, 다른 장소와 조건에서 더 많은 경제적 이익을 얻을 수 있는 것으로 나타나고 있다.

또한 이벤트는 기후적 영향을 배제시킬 수도 있으며, 실내 활동에 집중할 수도 있는 것이다. 게다가, 많은 개최지에 있어 지역주민들을 위해서 번잡한 성수기를 피해 비수기를 선호하는 경향이 있다. 이러한 경향은 참가자들에게 더 많은 기회를 제공하는 것으로 나타나고 있다. 따라서 이 전략은 매우 성공적이며 비수기를 극복하는 방법이 되는 것이다.[16]

어떤 관광객들은 비수기를 더 선호하는데, 비수기에는 잠재비용이 절감되거나, 다른 관광객들로 인해 혼잡한 것을 피하려고 하기 때문인 것이다. 직장에서 은퇴한 사람들이나 1년에 1회 이상의 휴가를 가는 고소득 집단이 주요 표적고객이며, 이벤트는 장·단기 휴가에 관계없이 이들을 끌어들이는 것이다.

마지막으로 음악애호가, 운동선수, 스포츠팬, 그리고 다른 특별한 목적의 관광객들도 특별한 경험에 대한 욕구를 만족시키기 위해서 연중 어느 때라도 이벤트에 잠재적으로 참가하는 것이다. 이러한 표적고객층은 더 작아질 수도 있으나, 그들 역시 더 성실한 고객층이 될 것이며, 이러한 표적고객층을 겨냥한 홍보활동으로 쉽게 유인할 수도 있을 것이다.

---

16) D. Gets, op. cit., 1991, pp. 7~8.

연구자들은 이벤트가 관광시즌을 확대시키거나 연간 관광형태에 있어 제2의 관광시즌을 창출하는 것을 보여줌으로써 이벤트의 성공을 증명하였다. 리치에와 베리페유(Ritchie & Beliveau)는 계절성 극복에 대한 전략적 대응으로서 캐나다 퀘벡(Quebec)의 유명한 겨울축제를 연구하였다.[17]

그들은 이벤트가 1954년에 지방사업단체에 의해 현대적인 모습으로 시작되었으며, 전통적으로 비수기인 겨울을 성수기로 바꾸는데 성공하였으며, 게다가 그 축제는 마드리 그라스(Mardi Gras)가 뉴올리언즈(New Orleans)에 한 것처럼 퀘벡(Quebec)시를 관광안내지도에 올려놓을 만큼 강하고 독특한 이미지를 형성하게 되었다.

Hanna(1985)는 영국의 이벤트를 9월에 에딘버그(Edinberg)에서 개최되는 축제와 봄에 Bath에서 개최되는 축제가 전통적인 여름 관광시즌을 확장시키기 위하여 계획적으로 창조되었다는 사실에 주목하고 있다. 또한 Getz[18]는 스코틀랜드(Scotland)에서 매년 개최되는 Ceilidh주간(스코틀랜드 북부 고지대의 전통적인 음악축제)을 개최하여 9월까지 관광시즌을 확장시키려는 카브리지(Carrbridge) 주민들의 성공적인 노력을 증명하였다. 그 축제로 인해 그 마을은 9월에도 성수기와 같은 점유율을 보이며, 광고효과와 경제적 이익을 얻은 것이다. 따라서 우리나라와 같이 4계절이 뚜렷한 나라에서는 관광의 비수기 대책이 시급한 실정인데, 비수기에 컨벤션을 유치하는 것은 효과적으로 사람을 불러들일 수 있는 최고의 방법이다.

또한 컨벤션이 개최되면 참가자들은 의무적으로 참석해야 하며, 경우에 따라서는 동반자도 함께 참석하므로 2배의 인원수가 참석할 가능성이 생기는 것으로 나타나고 있다. 이러한 경우 수송기관과 연계해서 특별할인을 실시할 수 있는 것이다.

---

17) J. R. B., Ritchie & D. Beliveau, Hallmark events; An evaulation of a strategic response to seasonability in the travel market, Journal of Travel Research 13(2), 1974, pp. 14~20.

18) D, Gets, Tourism, community organization and the social multiplier, In Leisure, tourism and social change, Edinburgh : Center for Leisure Research, Dunfermline College.

(7) 내국인 및 외국인 관광객 유인

정부의 관광기관에서는 국제관광에 주안점을 두고 있다 할지라도 대부분의 축제와 이벤트가 지방 및 지역주민에 의존하고 있음은 의심할 여지가 없으며, 이벤트가 진정한 관광매력물(숙박이나 비지방적 관광을 유발시키는 것)이든지 행동 배출구이든지간에 이벤트는 다른 지역이나 국가를 여행하는 사람들보다는 그 지역의 주민들이나 그들의 경제에 더 많은 영향을 미치는 것으로 나타나고 있다. 따라서 이벤트 관광은 국내 및 국제관광에 있어 균형 있고 조화롭게 기획되어져야 하는 것이다.[19]

2) 개최도시/국가의 입장

개최도시의 입장에서는 경제적 효과, 사회·문화적 효과, 정치적 효과, 관광진흥 효과, 도시재개발수단, 국가홍보수단, 대안관광과 지속 가능한 개발 등 8가지 요인들을 고려할 수 있는데, 이에 대한 구체적인 내용을 알아보면 다음과 같다.

(1) 경제적 파급효과[20]

우선 컨벤션산업은 전후방 경제적 파급효과가 매우 큰 산업이다. 전시·컨벤션 개최로 숙박·교통·관광 등 전후방산업에 미치는 경제 효과는 GDP 대비 0.45%(4.7조원)[21]로 나타나 있다. 독일의 경우 전시컨벤션산업은 GDP의 약 1%(250억유로, 40조원)를 차지하고 있으며, 3D업종을 기피하는 청년층을 중심으로 25만 개의 일자리를 제공한다.[22]

독일은 제2차 세계대전 이후 하노버를 중심으로 한 대규모 무역전시회(관람객 33만명)와 이로 인한 수출 증대 노력이 독일의 경제재건에 크게 기여하고 있다.

전시와 컨벤션은 자체적으로도 부가가치가 높지만 이들을 연관 산업과 통합하여 육성할 경우 시너지 효과가 더 커질 것으로 기대된다. 외화 가득액도 여타문화산업보다 월등히 많은 것으로 나타난다.

---

19) D. Gets, op.cit., 1991, pp. 5~9.
20) 김건수, 컨벤션산업의 활성화를 위한 법 제도적 개선방안 연구(2012).
21) 국무총리실, MICE산업의 비전과 전략(2009.3).
22) 지식경제부, 전시산업 경쟁력 강화 방안(2008.12).

한국 MICE산업의 경제규모(2007년)가 3조 7천억 원에 달할 정도로 급속히 성장하고 있어 서비스산업에서 주목받고 있는 영화산업의 3조 2천억 원을 추월한다. 특히 동 산업에서 외국인이 지출한 규모(외화 가득액)가 11.7억 달러로 게임(7.8억 달러), 출판(2.1억 달러), 캐릭터(1.5억 달러), 영화(0.2억 달러)산업을 크게 넘어서고 있다.

국제회의(한국 개최)참가자의 경우 1인당 평균 소비액이 2,488달러로 892달러인 일반관광객의 2.7배 이상 지출[23]되며 유럽과 호주의 경우 MICE참가자의 소비액이 일반관광객보다 5배 높은 것으로 조사되고 있다.[24]

(2) 사회 · 문화적 효과

컨벤션은 외국인과의 직접적인 교류를 통한 개최국 국민의 국제감각 함양 등 국제화의 중요한 수단이 될 수 있다. 또한 컨벤션 유치, 기획, 운영의 반복은 개최지의 기반시설(infra)을 확충시키고 다양한 기능을 향상시킬 뿐만 아니라 개최국의 이미지를 향상시키고, 국제무대에서의 위상을 제고하는 데에도 이바지하는 것이다. 또한 지방에 컨벤션 분산 개최는 지방의 국제화와 지역의 균형발전에도 큰 몫을 하게 된다.

이와 같은 효과가 기대되기 때문에, 각 국가와 도시는 컨벤션뷰로를 설치하여 컨벤션 유치증대 활동과 회의주최자/단체에 대한 각종 지원활동을 강화하고 있다.

(3) 정치적 효과

컨벤션은 그 규모나 성격 면에서 통상 수십 개국의 대표들이 대거 참석하고 이들의 사회적 지위 또한 높기 때문에 개최국의 국제지위 향상, 문화교류, 민간 차원의 외교, 나아가서는 국가외교차원에서도 국가홍보효과를 기대할 수 있다. 더욱이 개최국과 개최국민을 외국에 소개하는 일이 가능하고 국제친선에 참가할 수 있다는 것은 국가로 하여금 무형의 부를 증가시킬 수 있음을 뜻한다.

---

23) COEX, 컨벤션산업의 현황 및 발전방안(2009).
24) 성은희, 여러분은 MICE에 대하여 언제부터 알고 계셨습니까?, The MICE, Vol. 7(2008).

(4) 관광진흥 효과

컨벤션은 대량의 관광객 유치는 물론, 양질의 관광객 유치효과를 가져오며 계절에 관계없이 개최가 가능하기 때문에, 관광 비수기 타개책의 일환이 될 수도 있는 전천후 종합관광사업이다. 또한 컨벤션 참가자는 대부분 개최지를 최종 목적지로 하기 때문에 체재일수가 비교적 길며(예 : 일반관광객 경우 4박 5일, 컨벤션 경우 8일 이상) 일반관광객보다 1인당 소비액이 약 3배 이상이 되는 것으로 나타나고 있다.

컨벤션 전후 관광을 통해 국내 관광과 쇼핑 등을 하게 되어 한국 관광의 홍보효과를 제고시킴과 동시에 교통, 항공, 숙박, 유흥업, 관광 등 관련사업의 발전을 도모함으로써 경제성장효과 창출에도 크게 기여한다. 우리나라의 경우 일본 및 동남아 관광객이 주류를 이루고 있는 상황에서 컨벤션의 유치는 전 세계인을 대상으로 한 관광산업의 다변화를 꾀할 수 있다.

(5) 지역사회에 미치는 영향

오늘날 대도시 지역에서 작은 마을에 이르기까지 모든 지역이 자기 지역의 경제발전에 초점을 맞추고 있는 실정이다. 즉, 지역주민을 위한 일자리 제공과 좀 더 안정된 경제기반을 다지기 위해 자기 지역으로 새로운 산업을 유치하고자 노력하고 있다.

생태계와 재활용에 대한 관심이 고조되고 있기 때문에 모든 도시는 자기 지역의 공기와 식수, 그리고 토지를 오염시키지 않을 산업을 찾고 있는 실정이다. 따라서 회의산업은 청정무공해 산업이며, 평화적인 산업이며 경제적 파급효과는 항공사, 호텔, 육상운송관리업체 및 현지운영회사들에게 이익을 안겨주고 또한 지역의 전통음식, 토산품, 자동차 대여업체와 기타 사업체들에게 경제적 안정을 이룰 수 있게 하는 것이다.

(6) 도시재개발 수단

컨벤션센터가 예전에 번창을 구가했던 도시에 새롭게 출현하여 그 센터를 핵으로 교통기관 및 주차장이 정비되고 호텔과 레스토랑 등이 새롭게 출현하여 활력을 불어넣는 것으로 나타나고 있다. 이러한 외국 도시의 예로 뉴욕, 시카고, 샌

프란시스코, 파리, 빈 등을 들 수 있다.

(7) 국가홍보수단

컨벤션은 그 규모나 성격의 측면에서 통상 수십 개국의 대표들이 대거 참가하므로 국내 관광홍보를 전 세계적으로 확산할 수 있으며 비수교 동구권 및 비동맹국 대표의 참가로 우리나라 평화통일 외교정책 구현에도 기여할 수 있는 것이다.

또한 컨벤션 참가자는 각 분야에 있어 영향력 있는 고위지도급 인사들이기 때문에 개최국의 국제지위향상, 문화교류, 민간차원의 외교, 나아가서는 국가외교차원에도 홍보효과를 거둘 수 있으며, 또한 국제회의 개최는 시설, 관광지 및 인적서비스 측면에서 있어서도 도시기능 홍보에 알맞은 기회가 된다.

(8) 대안관광과 지속 가능한 개발

관광의 부정적 효과에 관한 상당한 주의가 이미 있어 왔다. 특히 대량 관광(mass tourism)에 있어서 관광은 그것을 자연에 있어서는 도덕적 파괴자로 보거나 신식민주의로 보는 사람들에 의해서 정치화되어 왔다. 그리고 'new, soft, social, alternative, gentle, community-based' tourism 등의 용어에 대한 많은 논쟁이 있어 왔던 것으로 나타나고 있다. 결국에는 모든 개발은 '지속 가능한(sustainable)' 것이 되어야 한다는 것이다. 이러한 변화는 대량 관광발전의 일반적인 형태에서 근본적으로 시작되는 것이다.[25]

로제나우와 펄시퍼(Rosenow & Pulsipher)는 건전한 관광발전에 관한 8가지 기본적인 원칙을 언급했으며, 그것은 대안관광 또는 새로운 관광의 이상형의 기본이 될 것이다.[26] 근본적으로 관광은 지역적 유산에 기초를 두고, 방문자 만족과 지역사회 발전을 모두 향상시키면서 환경적·문화적으로 책임질 수 있어야 할 것이다.

또한, 관광을 흡수하는 능력과 필요한 곳에서는 제한을 가하는 능력이 부가되어야 할 것이다. 예를 들어 해안경관의 효용분석을 하는데 있어서는 정부의 결

---

25) D. Gets, op.cit., pp. 19~20.

26) J. Rosenow & G. Pulsipher, Tourism : The good, the bad, and the ugly, Lincoln, Neb : Century Three Press, 1979.

정, 사회적·환경적·경제적 요인들이 모두 똑같이 고려된다. 최근에는 지속 가능한 개발에 관한 전 세계적인 관심이 모아지고 있으며, 이것은 미래 세대가 그들의 욕구를 충족시키고 더 나은 삶과 환경의 질을 즐길 수 있는 능력을 방해하지 않는 경제적 발전으로서 정의되고 있다. 컨벤션은 관광의 새로운 관념과 형태의 발전에 있어 중요한 역할을 할 수 있을 것이다.

〈표 1-5〉 컨벤션산업의 효과

구분	긍정적 효과	부정적 효과
정 치	• 개최국의 이미지 부각 • 평화통일 및 외교정책 구현 • 민간외교 수립	• 개최국의 정치 이용화 • 정치목적에 의한 경제적 부담 및 희생
경 제	• 국제수지 개선 • 고용증대 • 국민경제 발전	• 물가상승 • 부동산 투기 • 비전문가의 파견으로 참가비용 낭비 및 소득 없는 회의 참가
사회·문화	• 관련분야의 국제경쟁력 배양 • 개최국민의 자부심 및 의식수준 향상 • 사회기반시설의 발전 • 새로운 시설의 발전 • 정보교환과 학술교류로 인류발전에 기여	• 각종 범죄(매춘, 도박, 마약 등)로 인한 사회적 병폐 • 행사에 따른 국민생활불편(도보차단 등) • 전통적 가치관 상실 • 사치풍조와 소비성 조장 • 치안유지 강화로 경찰의 업무부담 증가
관 광	• 관광 진흥·관광관련 산업의 발전 • 대규모 관광객 유치 • 컨벤션전문가 양성	• 관광지 집중화 현상에 따른 교통, 소음, 오염 등의 공해문제 • 호텔 객실의 block 예약으로 일반 관광객의 이용불편(관광 성수기)

자료 : 최승이·한광종, 국제회의산업론, 백산출판사, 1995, pp. 87~88.

7. 컨벤션 관련산업

컨벤션은 한마디로 "사람이 모이는 모든 것을 총칭한다"고 할 수 있듯이 거기서 발생하는 사람들의 욕구도 한없이 다양하고 폭넓은 수요층이 존재한다.[27]

견본시·전시회를 예로 들면, 회기 전부터의 회의장 운영·회의 중의 걸친 욕구가 발생하게 되며, 이것을 만족시키기 위해서 셀 수 없을 만큼 많은 업종이 관련되어야 한다.

---

27) 박현지, 인터넷시대의 관광이벤트론, 형설출판사, 2001.

관련업종은 사무국 대행으로부터 목공. 간판. 인쇄 시행업자, 전기공사, 여행 대리점, 음식공급업, 운송업, 설비토목업, 보안경비, 보험 등이며, 그밖에 아르바이트 요원도 필수적이다. 컨벤션 관련산업은 컨벤션 서비스, 회의장, 수송, 관광 및 기타로 대별할 수 있으며 〈표 1-5〉와 같이 요약되어진다.

〈표 1-6〉 컨벤션 관련산업

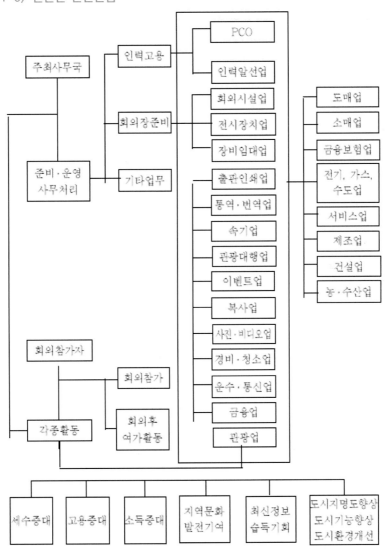

자료 : 한국관광개발연구원, 한국관광연감, 1999, p. 558.

8. 컨벤션 관련 전문 직업

컨벤션 관련 전문 직업에는 회의기획가, 포상여행기획가, 컨벤션매니저, 회의사업가, 관광지 선전업자 등이 있으며 다음과 같이 구분되어진다.

1) 회의기획가

회의기획가(meeting planner)의 가장 큰 고용자는 협회와 기업이다. 왜냐하면 협회와 기업은 정기적으로 컨벤션을 개최하거나 여러 가지 회의를 빈번하게 주재하기 때문이다. 이러한 직업의 자리는 대부분 사기업에 있지만, 정부기관에도 자리가 있다는 것을 알아둘 필요가 있다. 미국에서는 농산성과 상무성은 물론이고, 많은 정부부처에서 잦은 회의를 개최하며, 이러한 회의를 기획하기 위해 사람을 고용하고 있다.

회의를 주재하는 많은 협회와 기업들이 인센티브 여행 프로그램에도 지원한다. 이러한 기업의 일부는 그들의 프로그램을 조정할 회사 내의 인센티브 기획가를 고용하고 있다.

회의기획과 인센티브 여행기획은 소매 여행업자에게 중요한 수입원천이 된다. 많은 여행사가 회의나 인센티브 여행을 위해 독립된 부서를 갖고 있으며, 많은 주요 항공사들 역시 마찬가지이다.

회의기획이란 숙련된 사람이 할 수 있는 일이며, 일반적으로 회의 및 회의기획가와 거래경험을 쌓은 사람들이 회의산업에 뛰어들고 있다. 협회와 기업에서 이러한 직원을 구하려는 경쟁은 날로 심해지고 있다. 만약 과거에 어떤 조직에서 비서나 서기로 일한 경험이 있다면 회의산업부문에서 일하기가 용이할 것이다.

회의기획가는 기업이나 협회의 부서장이나 조직 내의 마케팅부서나 PR부문으로 승진할 수 있다.

협회, 기업, 여행사, 항공사의 회의기획가라는 직무는 독립회의기획가로서의 경력을 쌓게 되는 것이다.

회의기획가의 업무는 다음과 같이 세 분류로 나누어진다.

- 단체이사 : 기업, 전문단체 비영리단체에 의해 고용된 전문가
- 기업회의 기획가 : 소속된 회사를 위해 중요한 모든 회의의 담당자

• 자문회의 기획가 : 사내에 기획가가 없는 기업 및 협회에 일정기간 고용되어
 보수를 받고 일하는 자유계약(프리랜서) 기획가들

Successful Meeting에 게재된 컨벤션 개최비용 절감을 위한 10가지 방안은 다
음과 같다.

1. 현실적인 예산안을 작성한다.

• 예산안은 식음료비용 등 예측가능한 부분과 예측하기 어려운 부분으로 구분
 하여 작성하고, 예산절감을 위해 컨벤션 개최목적과 밀접한 관련이 있는 스
 폰서에 대한 물색을 예산안 작성 시 고려하여 계획한다.

2. 자기중심적으로 판단하지 않는다.

• 예를 들어 위원들이 초청강연료를 3만 달러를 요구하면, 회의기획가는 3만
 달러를 만들기 위해 얼마나 많은 사람들로부터 등록비를 받아야 하는가를 구
 체적으로 계산하여 제시한다.

3. 매너리즘에 빠지지 않는다.

• 회의 개최 시 주어지는 통상적인 할인요금 등 통상적인 관행에 만족하지 말
 고 최선의 대가를 받을 수 있도록 노력한다.

4. 공급자와 상반된 입장에 있음을 명심한다.

• 호텔 등 공급업자는 항상 자신의 이익을 먼저 생각하고 가격을 제시하므로
 세밀한 부분까지 다져가며 대처해야 한다. 예를 들어 초청연사에 소요되는
 경비청구를 나중으로 미루지 말고, 강연료·객실료·교통비에 대해서도 사
 전에 알아보고 비용이 적게 드는 방향으로 조정할 필요가 있다.

5. 시청각기자재 사용을 중시한다.

• 시청각기자재 사용료는 갈수록 비싸지고 있다. 따라서 시청각기자재가 중요
 한 역할을 하는 회의일수록 이를 유효 적절히 사용해야 경비를 절감할 수 있
 다. 시청각기자재의 사용은 단순히 회의 내용의 이해를 돕는 차원을 넘어서
 회의의 위기를 조성하는 중요한 역할을 한다는 것을 중시해야 할 것이다.

6. 기술발전 등 미래의 변화에 대비한다.

• 첨단기술을 이용한 화상회의, 인터넷과 같은 통신망을 활용한 회의 등 기술
 발전에 따라 회의형태도 다양하게 변화하는 추세이다. 이러한 기술혁신은 미

래에 더 큰 결실을 가져올 수 있으므로 투자에 인색해서는 안될 것이다.

- 예를 들어 인터넷을 이용한 회의는 각종 인쇄물을 줄임으로써 경비를 절감할 수 있으며 지리적 한계를 극복함으로써 세계 도처에 있는 컨벤션 관련인사들의 참여유도를 통해 출장비 등을 절감할 수 있다.

7. 스폰서를 잘 이용한다.

- 스폰서의 협찬은 참가자들의 등록비 단가를 낮추는 데 상당한 기여를 하지만, 스폰서의 협찬을 얻어내기까지는 스폰서에 대한 세심한 연구와 대인관계 유지를 위하여 일정한 시간이 필요하다. 또한 스폰서로서의 협찬경력이 있는 기업에 대한 지속적인 사후관리도 잊지 말아야 할 것이다.

8. 컨벤션 운영요원의 인건비를 절감한다.

- 컨벤션 개최 시 관련기관 또는 단체로부터 파견된 운영요원을 활용하는 경우 많은 인원이 소요되며 의외로 인건비가 많이 드는 반면, 회의운영 경험과 노하우 면에서는 비효율적인 경우가 많다. 그러므로 회의기획가는 주최측에 개최지역의 컨벤션뷰로 등을 통해 회의운영 전문 인력, 파트타임 또는 임시 고용직 등으로 이를 대체하도록 건의함으로써 운영요원의 수를 줄이고 인건비를 절감하도록 한다.

9. 식음료 경비를 효율적으로 활용하여 경비절감을 도모한다.

- 예로서 오찬에 포함된 디저트를 보류하였다가 오후 회의의 중간 휴식시간에 제공한다면 참가자들은 보다 큰 만족을 느끼게 되며, 이러한 방법은 결과적으로 경비절감을 가져온다. 한편, 관광정보 DB 서비스에 의하면 장기적인 사고방식으로도 비용절감을 도모할 수 있다.

10. 장기적인 사고방식을 가진다.

- 회의기획가는 공급업자와 장기적인 안목에서 동반자관계를 정립한다면 경비절감에 크게 도움이 될 것이다.

컨벤션기획사 "대규모 국제행사 총연출···
VIP 일정 分단위까지 챙기죠"

국제회의 기획사 이순용씨

지난달 2일 서울 용산 국립중앙박물관. '한국-중앙아시아 협력포럼' 개막시간인 오전 9시가 다가오자 회의장 인근을 바쁘게 뛰어다니던 이순용씨(35)의 전화기에 불이 났다. 우즈베키스탄, 카자흐스탄 등 각국에서 온 주요 참석자들을 수행하러 나간 직원들이 도착예정시간을 속속 보고해 온 것.

꼼꼼하게 도착시간을 받아 적은 그는 행사 순서에 따라 시간대별로 해야 할 일을 적어 놓은 큐시트(cue sheet)를 다시 점검했다. A4용지 3장 분량의 큐시트에는 '8시 57분~9시 VIP 도착', '9시 1~3분 VIP 입장', '9시 30~40분 1번 중계카메라 작동' 등 해야 할 일들이 분(分)단위로 빼곡히 적혀 있다.

진행 상황을 점검하고 주요 인사들을 챙기다 보니 점심식사를 건너뛰었다. 오후 6시에 행사가 끝나자 여분의 배터리 2개를 갈아 끼운 휴대폰의 전원이 나갔다. 그날 걸려온 전화만 200여 통이었다.

이씨의 직업은 국제회의 기획사(PCO, Professional Convention Organizer)·정상회의, 민간 학술대회 등 각종 국제회의를 유치 단계부터 뒷마무리까지 총괄하는 전문가로, 국제회의 기획·운영 전문회사인 유니네오의 10년차 PCO이다. 국제회의라는 거대한 한 편의 연극을 만드는 연출자인 이씨를 1일 만났다.

▼ 업무 분야가 방대할 것 같습니다.

"회의를 유치하고 성공적으로 운영하기 위한 모든 분야가 제 일이죠. 요즘은 회의 유치가 정부 주도로 이뤄지는 경우가 많지만 제안서를 함께 만들기도 합니다. 국제회의를 유치하면 본격적인 준비가 시작돼요. 연사 섭외, 참가자 신청 접수, 목록 작성 및 비표 발급, 대회 홍보 등 할 일이 많아서 큰 규모의 국제회의는 1년 전부터 준비해요."

▼ 부문별로 세심하게 신경을 써야겠군요.

"회의 준비는 크게 등록, 회의 운영, 사교 행사 운영, 의전·안전·수송 등 4개 분야로 합니다. 그 중 등록 분야는 사전에 초청자 데이터베이스(DB)를 구축하고, 각국 정상들이 참여하는 행사인 경우 신원 조회 후 비표를 발급하는 등 회의 참여와 관련한 전반을 다루는 일입니다. 제일 많은 시간과 품이 들면서도 티는 나지 않는 기본적인 업무죠."

▼ 일이 고되겠어요.

"업계에서 고학력자를 데려다 '노가다(막노동)'를 시킨다고 할 정도로 일이 많습니다. 주 5일 야근을 합니다. 행사계획이 갑자기 바뀌는 등 돌발 변수가 많기 때문이죠. 기본적으로 일이 워낙 많은 데다 외국 현지 사람들과 함께 해야 하는 업무도 많아서 시차 때문에 밤에 일하는 경우도 있어요. 야근 때문에 지난해 크리스마스도 직원들끼리 보냈죠."

▼ 고생한 만큼 보람이 있습니까.

"추진하는 프로젝트마다 기간이 정해져 있기 때문에 회의 하나를 끝내면 '유에서 무를 창조했다'는 짜릿함이 있죠. 왜 연극배우들이 공연이 끝나고 나서 텅빈 객석을 바라보며 눈물 흘리는 그런 성취감 있잖아요? 저희의 성취감과 비슷한 것 같아요. 매번 새로운 회의여서 뭔가 배워간다는 이점도 있고요."

▼ 국제회의 기획사가 된 이유는요.

"1999년 한양대 국제대학원에 다닐 때 '1999 서울 NGO 세계대회'의 세션 내용을 요약하는 라포처(rapporteur)로 일했는데 세계 각국 사람들이 한데 모여 뭔가를 한다는 게 신기했죠. 그 이듬해 아셈(ASEM·아시아·유럽정상회의) 준비기획단에 들어가 4개월 동안 해외 대표단 등록 담당 인턴으로 일했어요. 아셈 회의가 무사히 끝나고 나니 역사를 만드는 현장에 있었다는 생각에 눈물이 핑 돌았죠.그래서 졸업 후 국제회의 기획회사에 들어갔어요."

▼ 유난히 여성 PCO들이 많던데요.

"PCO의 80~90%는 여성이에요. 꼼꼼하고 섬세하게 챙겨야 할 일이 많아서 남자들은 못 견디는 경우가 많기 때문이죠. 해외 출장 등 글로벌한 업무가 많아 항공사 승무원처럼 여성이 선망하는 측면도 있어요. 하지만 단단히 각오하지 않고 막연한 선망으로 들어온 사람들은 빨리 그만둡니다. 경력 5년 정도면 고참급이에요. 제가 10년 정도 일했는데 최고참급이니까요."

▼ 유력 인사는 집중적으로 신경 쓰나요.

"까다로운 연사들은 정말 세심하게 준비해야 합니다. 사전에 비서 등을 통해 그분의 취향을 상세하게 물어보죠. 이를테면 비행기의 경우 일등석을 원한다면 몇 번째 줄을 원하는지, 오른쪽·왼쪽 중 어느 자리를 선호하는지 물어봅니다. 또 기피하는 음식과 선호하는 음식, 돼지고기와 쇠고기, 생선에 대한 기호 등을 파악해요. 객실은 흡연·금연실 여부와 수행원들의 방과 연결된 커넥

팅룸을 원하는지 여부, 코너 스위트룸과 일반 스위트룸 중 어느 쪽을 원하는지를 꼼꼼하게 물어봅니다."

▼ 기본적인 체크 리스트가 있겠네요.

"매뉴얼이 있지만 없는거나 마찬가지예요. 사람마다 취향이 정말 다양하니까요. 한 번은 주요 연사로 오신 분이 당분이 낮은 특정 브랜드의 설탕을 달라고 했어요. 해외 브랜드라 쉽게 구할 수 없어서 서울 시내와 수도권 일대를 이 잡듯이 뒤져 한 박스를 갖다 드렸죠. 그분이 만족하는 모습을 보니 그렇게 기쁠 수가 없더군요."

▼ 기억에 남는 회의가 있나요.

"2004년 11월에 열린 '한·중 디자인포럼 2004'가 제일 기억에 남아요. 베이징에 사전 현장답사를 다녀왔는데도 행사 당일에 보니 사전 협의 내용이 전혀 반영되어 있지 않은 거예요. 대관시간이 바뀌고 장소도 좁아졌죠. 그야말로 돌발 변수였어요. 다시 담당자를 만나 차근차근 설득하고 사전 협의 내용대로 되돌리기 위해 진땀을 뺐죠."

▼ 올해 G20 정상회의가 국내에서 열리잖아요.

"지난 10년간 국제회의를 포함해 컨벤션산업이 발전할 수 있는 계기가 몇 차례 있었어요. 2000년 아셈과 2005년 APEC 정상회의가 대표적이죠. 그 이후 정부 차원에서 참여하는 가장 큰 규모의 국제회의가 G20 정상회의일 것입니다. 이 기간에는 정부 회의뿐만 아니라 다양한 민간 회의들도 함께 열리기 때문에 국제회의 전문가들이 어느 때보다 많이 필요하고 경제적인 파급효과도 엄청날 것입니다. 업계에서는 민간 사업자 선정 공고가 나오기만 기다리고 있어요."

▼ 앞으로의 계획은 뭔가요.

"처음 꿈은 제 회사를 차리는 거였는데 10년 정도 일하다 보니 제가 경영자 체질은 아니다 싶더라고요. 요즘에는 제가 처음부터 기획하는 회의를 꿈꾸고 있어요. 세계적인 석학들과 정부 관계자들이 매년 관심을 갖고 참여하는 전문적인 국제회의 말입니다. 해외에서는 기획사가 주축이 되어 만든 국제회의가 수십 년 동안 매년 열리는 사례가 많아요. 일생일대의 목표로 단 하나의 회의를 만든다는 생각, 멋지지 않나요? 전 벌써부터 가슴이 두근두근 뜁니다."

[한국경제] 생생인터뷰/ 2010-01-01

2) 포상여행 기획가

포상여행 기획가(incentive travel planners)는 기업의 목적을 달성하거나 초과한 대가로서 기업이 종업원에게 제공하는 포상여행을 기획한다. 일부 선진국에 몇 년 전 포상여행이 대중화되었을 때 그 여행의 주요 목적은 명백히 위락여행이었다.

예를 들면, 판매목적의 달성에 대한 포상으로서 카리브해 관광지에서 일주일의 휴가를 즐겼다. 그런데 최근에는 포상여행 기획가들이 사업과 즐거움을 혼합한 프로그램을 만들어내기 시작했다. 이국적인 장소에서 휴가의 일부로서 사업모임을 개최하여 기업이 그들의 핵심직원을 훈련시키거나 전략을 기획할 수 있도록 하고 있다.

3) 컨벤션 매니저

컨벤션 매니저(convention service manager)는 호텔, 리조트, 콘퍼런스, 컨벤션 센터, 시빅 센터, 유람선 등을 대상으로 업무를 보는데, 그것은 곧 회의를 주관하는 위치가 된다. 그들은 회의기획가와 협력하여 회의의 모든 면을 조정한다. 회의산업에 관련된 거의 모든 호텔이 컨벤션 매니저를 고용한다.

컨벤션 매니저는 보통 내부로부터 승진한다. 호텔의 다른 부서에서 경험을 쌓은 후에 컨벤션 매니저로 승진하는 것이 일반적이다. 주로 식음료부문 및 판매부서의 경험이 요구된다.

4) 회의사업가

회의사업가란 자기 사업으로서 회의분야에 독립적으로 좋아하는 사람들을 말한다. 첫 번째 유형은 컨벤션 서비스 설비회사이다. 그들은 협회와 기업에 다양한 회의참고자료를 제공한다. 컨벤션산업에서 회의사업가가 고려할 만한 두 번째 유형으로는 무역쇼 운영자, 목적자 선정 경영자 등이다. 세 번째 유형으로는 독립적 회의컨설턴트이다. 프리랜서 회의기획가(협회나 조직에 고용된 자유계약자)와 인센티브 여행회사(단지 기업에 고용)가 여기에 포함된다.

5) 관광지 선전업자

관광지 선전업자나 관광지 마케터는 회의기획가, 투어 오퍼레이터, 여행업자들이 고객들에게 추천하는 특별한 지역에 대한 사람들의 관심을 자극시킨다. 또한 어떤 특정한 것들을 지칭하여 선전하기보다는 호텔, 레스토랑, 박물관, 극장, 오락장소 등 관광지의 모든 면을 선전하며, 대형쇼, 브로슈어, 특별한 촉진수단, 전람회 등을 이용하여 관광지를 판매한다.

관광지 선전사업자는 본래 지역방문자, 컨벤션기관(개인사업자가 대부분 자금을 대는 비영리조직), 관광촉진 대리점, 주(state) 여행사무소를 위해서 일을 하는 사람들이다. 관광의 경제적 중요성이 크게 인식됨에 따라 대부분의 미국 대도시에서는 관광촉진 대리점이 설립되어 있다. 이것은 곧 관광지 선전업자에 대한 필요성을 창출하였고, 이로 인하여 관광지 선전업자는 판매와 마케팅에 있어서 가장 중요한 전문직의 하나가 되었다. 따라서 관광지 선정업자는 사무소 책임자로 승진되거나 대도시의 보다 나은 다른 사무실로 전직하는 등의 발전을 하게 한다.

자격증 따라잡기 - 컨벤션기획사 자격증

[알짜배기 자격증 따기] 전공 기본기 튼튼! 진로 활짝!

기업과 사회는 대학생, 취업준비생에게 많은 것을 요구하고 있다. 최근에는 '무(無)스펙, 탈(脫)스펙'을 외치는 한편, 딱히 손에 잡히지 않는 '자신만의 스토리'를 강조하는 통에 당황하는 이가 적지 않다. 시즌마다 채용 트렌드가 달라지는 탓이다. 그러나 아무리 취업난이 극심하고 기업의 인재상이 조변석개해도 변치 않는 가치가 있다. 바로 지원자의 기본기 · 전공에 충실한 경험을 쌓아 기본기를 탄탄하게 다진 사람은 좋은 평가를 받을 수밖에 없다. 취업의 기본이 되는 것은 물론 남과 다른 색(色)을 갖출 수 있는 완소 자격증을 공개한다.

컨벤션기획사(Convention Meeting Planner)
유관 전공 경영 · 무역 · 컨벤션경영 · 미디어

귀빈 모시는 국제회의,
기획부터 운영까지 도맡아

컨벤션기획사는 한국산업인력공단이 시행하고 컨벤션 유치 · 기획 · 운영에 관한 직무 수행 능력을 증명하는 자격이다. 특히 요즘 뜨는 MICE 산업(Meeting, Incentives, Convention, Events & Exhibition)과 관련이 깊어 전망이 밝은 유망 자격증으로 주목받고 있다. 취득 시 행사 기획자, 국제회의 기획자 등으로 활동할 수 있다. 경영학, 무역학, 컨벤션경영학 등 전공자가 관심을 둘 만하다. 또 신문방송학 등 미디어 관련 전공이나 공연 기획 관련 전공과도 잘 어울린다.

미니 인터뷰 김지빈 중앙대 미디어공연영상학부

"2개월 투자해 합격 …
기획서 · 제안서 작성 경험 큰 도움 돼"

"공연 기획을 전공하면서 졸업 후 해외에서 활동하고 싶다는 희망을 갖게 되었어요. 사전 준비로 컨벤션기획사는 반드시 갖춰야 할 자격증이라고 생각했죠. 시험 전 한 달 정도 교재와 인터넷 강의를 병행해 필기시험을 준비했고, 실기시험은 필기 합격 후 3주가량의 기간이 주어져 더욱 집중할 수 있었습니다."

김지빈씨가 컨벤션기획사 자격증을 따기 위해 투자한 시간은 총 2개월 정도다. 필기시험보다 실기에 대한 부담감이 더 컸다는 게 김씨의 전언. 필기는 교재와 인터넷 강의에 기댈 수 있지만 실기 준비는 단시간에 해결되는 게 아니기 때문이다.

"실기시험은 컨벤션 실무, 즉 컨벤션 기획 및 실무 제안서 작성 혹은 영어 서신 작성을 평가해요. 평소 공연 기획서나 공연 관련한 제안서를 작성해본 경험이 매우 큰 도움이 되었어요. 평소 이런 준비를 조금씩 해두면 훨씬 수월하게 자격증을 딸 수 있을 겁니다."

그러나 기획서나 제안서 경험은 풍부했지만 호텔 경영이나 관광 분야 쪽은 문외한이라 마음을 푹 놓을 수는 없었다. 더 많은 시간을 투자해 준비를 했는데, 특히 평소 관심이 있었던 관광지의 문화를 알아둔 게 큰 보탬이 되었다고 한다.

"컨벤션 기획 분야는 법령상 우대 분야가 많아요. 정부 차원에서 유망 산업으로 키우고 있기 때문이에요. 컨벤션기획사 자격증이 연관 직종에 지원할 때 발판이 될 것이라고 확신합니다."

한국경제매거진 〈날아라 스펙왕〉 제38호(2013년 06월)

〈표 1-7〉 컨벤션 자격증 제도 현황

급수	1급	2급
실시기관	한국산업인력공단	
응시자격	① 컨벤션기획사 2급 자격을 취득한 후 3년 이상 실무에 종사한 사람 ② 4년 이상 실무에 종사한 사람 ③ 외국에서 동일한 종목에 해당하는 자격을 취득한 사람	제한 없음
실시현황	계획 없음	필기, 실기 각 각 1년 1회

〈표 1-8〉 해외컨벤션 자격증 제도 현황

구분		시험 과목	시험 시간	합격 기준
1급	필기	컨벤션 기획 실무론	2시간 30분	매 과목 40점 이상 전 과목 평균 60점 이상
		재무 회계론		
		컨벤션 마케팅		
	실기	컨벤션 실무	6시간	60점 이상
		컨벤션 기획 및 실무 제안서 작성		
		영어 프리젠테이션		
2급	필기	컨벤션 산업론	2시간 30분	매 과목 40점 이상 전과목 평균 60점 이상
		호텔관광실무론		
		컨벤션 영어		
	실기	컨벤션 실무	6시간	60점 이상
		컨벤션 기획 및 실무 제안서 작성		
		영어 서신 작성		

미국의 대표적인   자격 소지자의 70%   자격증 소지자를   엄격한 갱신제(5년)
컨벤션 관련 제도   컨벤션 기획사   재정적/ 사회적 대우   주기적인 교육

국가	시행기관	자격 제도 명칭
미국	컨벤션 산업협회 (CIC) Convention Industry Council	공인 국제 회의 기획가 (CMP) Certified Meeting Professional
	국제회의 전문가 연합 (MPI) Meeting Professional International	컨벤션 전문가 자격증 (CMM) Certificate in Meeting Management
	국제민간전시협회 (IAEM) International Association for Exhibition Management	전시기획사 자격제도 (CEM) Certified in Exhibition Management
일본	일본 이벤트 산업 진흥 협회	이벤트업무관리자 자격시험
		이벤트 검정시험
호주	호주 회의 산업 협회 Meeting Industry Association of Australia	컨벤션 전문가 자격증 (AMM) Accredited Meetings Manager

자료 : 컨벤션 기획사 현실화 방안에 관한 연구 한국과 미국의 사례를 중심으로, 이춘섭, 호서대학교 벤처전문대학원
(2006).

1. 국제회의산업 육성에 관한 법률에서 규정한 국제회의 종류 및 규모로서 맞는 것 2개를 고르시오.

    ① 국제기구나 국제기구에 가입한 기관 또는 법인·단체가 개최하는 회의로서

        가. 해당 회의에 5개국 이상의 외국인이 참가할 것

        나. 회의 참가자가 300명 이상이고 그 중 외국인이 100명 이상일 것

        다. 3일 이상 진행되는 회의일 것

    ② 국제기구나 국제기구에 가입한 기관 또는 법인·단체가 개최하는 회의로서

        가. 해당 회의에 5개국 이상의 외국인이 참가할 것

        나. 회의 참가자가 300명 이상이고 그 중 외국인이 50명 이상일 것

        다. 2일 이상 진행되는 회의일 것

    ③ 국제기구에 가입하지 아니한 기관 또는 법인·단체가 개최하는 회의로서

        가. 회의 참가자 중 외국인이 150명 이상일 것

        나. 2일 이상 진행되는 회의일 것

    ④ 국제기구에 가입하지 아니한 기관 또는 법인·단체가 개최하는 회의로서

        가. 회의 참가자 중 외국인이 100명 이상일 것

        나. 3일 이상 진행되는 회의일 것

2. 다음 중 컨벤션을 성격에 따른 분류가 맞는 것은?

    ① Convention, Symposium. Congress

    ② Convention, Conference, Congress

    ③ Seminar, Symposium, Forum

    ④ Symposium, Convention, Forum

3. 다음 중 컨벤션뷰로(CVB)가 설치되어 있는 지자체 열거 중 내용이 맞는 것은?

① 서울, 부산, 제주, 경기, 인천, 대구, 대전, 광주, 전주, 경주, 강원
② 서울, 부산, 여수, 경기, 인천, 대구, 대전, 광주, 창원, 경주, 강원
③ 서울, 부산, 제주, 경기, 인천, 대구, 대전, 광주, 창원, 경주, 강원
④ 서울, 부산, 제주, 경기, 인천, 대구, 고양, 광주, 창원, 경주, 강원

4. 다음은 컨벤션산업의 긍정적 효과를 열거한 내용 중에서 틀린 사항은?

① 국제수지 개선
② 대규모 관광객의 유치
③ 고용증대
④ 정치목적에 의한 경제적 부담 및 희생

Part 2

컨벤션 현황

제2장 세계 컨벤션시장

제3장 우리나라 컨벤션산업의 현황

세계 컨벤션시장

1. 해외 컨벤션산업의 현황

1) 국가별 컨벤션 개최현황

전 세계에서 개최된 국제회의는 1988년 8천건 대를 돌파한 이후 세계적인 정치적 격변이 있었던 몇 해를 제외하고는 거의 매년 꾸준한 증가세를 보이고 있다. 국제협회연합(Union of International Associations : UIA)에 따르면, 2013년 전 세계에서 총 11,135건의 국제회의가 개최되었으며(2012년 10,498건), 국가별 국제회의 개최 건수 상위 5개국을 살펴보면 싱가포르 994건, 미국 799건, 대한민국 635건, 일본 588건, 벨기에 505건으로 나타났다.

이 중 대한한국은 2009년 11위, 2010년 8위, 2011년 6위, 2012년 5위, 2013년 635건의 국제회의를 개최하여 세계 3위(세계시장 점유율 6%)를 차지하여 꾸준하게 성장세를 유지하고 있다.

〈표 2-1〉 세계 컨벤션산업의 현황(UIA)

국가	2013		2012		2011		2010		2009	
	순위	건수	순위	건수	순위	건수	순위	건수	순위	건수
싱가포르	1	994	1	952	1	919	3	725	2	689
미국	2	799	3	658	2	744	1	936	1	1,085
대한민국	3	635	5	563	6	469	8	464	11	347
일본	4	588	2	731	3	598	2	741	5	538
벨기에	5	505	4	597	5	533	5	597	6	470
스페인	5	505	8	449	9	386	6	572	10	365
독일	6	428	9	373	7	421	7	499	4	555
프랑스	7	408	6	494	4	557	4	686	3	632
오스트리아	8	398	7	458	8	390	10	362	8	421
영국	9	349	11	272	12	293	9	375	11	347
이탈리아	10	294	12	262	13	269	11	357	9	391
호주	11	283	10	287	10	329	12	356	16	227
네덜란드	12	282	14	177	11	299	13	329	7	458
스위스	13	216	16	166	15	219	14	322	13	336
캐나다	14	213	13	228	17	186	16	221	15	229
중국	15	210	20	155	16	200	15	236	18	173
노르웨이	16	172	18	164	18	169	18	172	21	151
핀란드	17	164	19	160	21	159	21	152	19	166
터키	18	161	24	119	24	123	22	131	24	120
말레이시아	19	137	22	141	23	125	24	100	29	71
포르투갈	20	136	21	142	20	160	22	145	17	194

자료 : 국제협회연합(Union of International Associations : UIA).

2. 유럽지역 컨벤션산업 현황

유럽의 경우는 미국의 컨벤션형태와 비교해서 메세(masse)형의 견본시가 주를 이루고 있는데, 이는 서구형 회의와 중세의 미사(mass)를 위하여 교회에서 모이는 장소로써 형성되었던 것이 오늘날 견본시로 발전하게 된 것이다. 그러나 이러한 견본시는 기존의 단순한 전시나 상담의 장에서 벗어나 회의나 심포지엄을 함께 개최하는 단면적이고 국제적인 경제교류의 장으로 변모해 가고 있다.

유럽 컨벤션산업의 특징은 각국의 경제성장 균형발전을 도모하는 차원에서 개최될 컨벤션의 내용과 규모, 컨벤션시설의 과거 개최실적 등을 고려하여 파급효과가 높은 지역을 선정하여 컨벤션을 개최하는 데 있다. 또한 독일의 하노버, 프랑크푸르트, 쾰른, 뒤셀도르프, 뮌헨 등의 5개 견본시는 각 시의 컨벤션 개최방식과 내용을 조정해주는 위원회를 별도로 두어 컨벤션 개최에 따른 각 도시의 이점을 최대한 살리도록 하고 있는 것이 특징이다.

최근 들어 유럽의 여러 국가나 도시들 중에서도 컨벤션 개최지로서 가장 각광받는 곳은 바로 벨기에의 브뤼셀과 스위스의 제네바이다.

제네바의 경우에는 UN산하 국제기구와 세계적인 국제단체들의 사무실이 밀집해 있어 자연적으로 세계적인 컨벤션 도시로서의 위치를 오래 전부터 확보하고 있는 대표적인 도시이다. 스위스는 제네바 이외에도 취리히나 로잔 등의 도시들도 매우 비중 있는 컨벤션 도시로서의 명성을 지니고 있다. 따라서 이들 도시의 기능은 기존의 관광시장이 매우 잘 형성되어 있다는 이점과 국제기구 및 단체 사무실들이 있다는 이점을 살려 도시기능이 전반적으로 컨벤션을 위한 조직화된 구성을 이루고 있다는 것이 매우 강점이라고 볼 수 있다.

최근 들어 유럽의 통합으로 인해 가장 비중 있는 도시로 대두된 곳은 바로 브뤼셀이다. 유럽연맹 본부가 자리하고 있는 도시이기도 하며 그 밖에도 제네바에 못지않게 유럽연맹관련 단체들의 사무실과 기타 국제단체들의 사무실이 많이 상주하는 도시가 되었으며, 이로 인한 컨벤션 개최빈도는 유럽의 다른 어느 도시들보다 많다고 이야기할 수 있다.

실제로 브뤼셀은 세계 도시별 컨벤션 개최순위에서 매년 5위권에 들어 있으며, 제네바 또한 5위권 안에 드는 컨벤션 도시라고 말할 수 있다.

2013년도 기준 세계 도시별 컨벤션 개최현황을 보면 상위 10위 이내의 국가 중 6개가 바로 유럽 국가들로 이루어져 있다. 따라서 세계 컨벤션시장의 약 60%를 점유하고 있는 유럽의 컨벤션산업은 오랜 전통과 전형적인 관광시장의 형성으로 경쟁력을 지니고 있다고 말할 수 있다.

이는 특히 유럽 국가들이 지리적으로 근접해 있으면서 한 국가 내에서도 지역에 따라 그 문화적 특성과 배경이 서로 다르다는 점으로 인해 역사적으로 이들 간의 교류와 발전이 자연스럽게 도모되어 왔다는 점이 다른 어느 나라나 지역에서 찾아볼 수 없는 배경이라고 볼 수 있으며, 바로 이러한 점이 컨벤션산업이 발달하는 계기가 되었다고 볼 수 있다.

시설 측면에 있어서는 전시기능 위주의 견본시에서 출발한 유럽의 컨벤션센터는 1950년대 이후 대부분 컨벤션시설의 확충 및 관련시설의 수용을 통해서 복합 형태의 전문 컨벤션시설로의 단계적 발전을 도모해 왔다. 특히 최근에는 첨단의 정보통신시설의 집합화를 통해 텔리포트의 역할을 수행함으로써 컨벤션시설의 도시기반설로서의 파급효과를 극대화하는 데 많은 노력을 경주하고 있고, 대부분의 경우 컨벤션의 수요증가에 대비하여 유기적이고도 종합적인 계획 하에 시설의 단계별 확장을 도모하고 있는 것은 매우 주목할 만한 일이다.

유럽의 대표적인 컨벤션시설로는 영국 버밍햄시의 국립 전시센터(National Exhibition Center)를 들 수 있다. 이 시설의 경우 시설확장에 필요한 대규모 부지를 계획단계에서부터 확보하여 장기계획에 의해 교통망 및 전시장, 회의시설, 호텔 등의 확충을 통하여 국제적인 규모의 컨벤션 콤플렉스로서의 기능 수행을 위한 여건조성에 노력하고 있다. 독일의 경우는 독일산업의 중심지인 뒤셀도르프의 복합적 컨벤션센터인 뒤셀도르프 메세를 들 수 있다. 이 시설은 본래 견본시에서 출발하였으나, 후에 별도의 후보지를 선정하고 이전하면서 기존의 견본시 위주의 시설에 관련단체 사무국이나 우체국, 경찰서, 사우나 등 복합적인 시설들을 고루 갖추고 있고 견본시에 수반되는 전시회의장 시설을 보유하고 있어 매년 독자적인 기획 운영에 의해 약 30여개의 견본시가 개최되고 있다. 또한 베를린의 A.M.K(Ausstellungs-Messe-Congress)의 경우는 기존의 견본시 시설과 미국 형의 컨벤션시설을 분리하여 건설한 전문적인 컨벤션센터로 유명하다.

1) 영국

영국의 MICE산업은 361억 파운드의 경제적 가치를 가지고 있는 것으로 나타났으며, 구체적으로 살펴보면 콘퍼런스와 미팅은 188억 파운드, 전시회와 무역박람회는 93억 파운드, 스포츠 이벤트는 23억 파운드, 기업 환대산업은 10억 파운드로 나타났다.

주요 미팅과 이벤트를 유치하는 것은 영국경제에 필수적인 요소로서, 영국 내 비즈니스 여행객들은 레저 여행객들보다 72% 더 많이 소비하지만 영국 인바운드 비즈니스 관광객은 레저 관광객보다 193% 더 많이 소비하며, 이러한 소비는 고용창출뿐만 아니라 전시장, 호텔, 바, 식당에 매우 중요한 수입원이다.[1]

영국의 Birmingham Convention Center는 영국의 산업중심도시인 Birmingham

지역의 경제활성화를 위해 Birmingham시가 영연방 및 EC의 지원 아래 건립을 추진하였다. 영국 최대의 전시장인 National Exhibition Centre(NEC : 1976년 개관) 시설과 연계하여 Synergy 효과를 기대하고 있다. 이 센터는 영국 최초로 세워진 Exhibition 시설인 Bingley Hall(1851년)을 재건축하였고 사업계획(Program) 수립 4년, 건설기간 4년이 소요되어 1991년 개관하였다.

Birmingham Convention Center는 Birmingham시 중심의 Centenary 광장에 위치하고 NEC와 자동차로 10분, Birmingham 국제공항과는 20분 거리에 위치하였으며, 주변에 Hyatt Regency를 비롯한 다수의 유명 특급 호텔(35,000 객실)이 인접해 있으며, Warwick Castle, Shakespear 생가, Belfry(골프코스) 등 관광명소가 자리 잡고 있다. 총 건설투자비 18,000만 파운드(2,200억원)를 사용한 이 센터는 부지는 Birmingham시 소유이고 소유주는 Birmingham City Council, European Community이며 National Exhibition Centre Group에서 컨벤션센터의 관리·운영 전반업무를 직영하고 있다(Event사업, Catering Service, 시설관리, 청소, 경비 등). 이 센터는 11개의 Main Hall과 10개의 Executive oom으로 구성되어 있고 3~3000명 범위 내 어떤 규모의 회의도 수용할 수 있도록 각 Hall의 크기가 다양하고 이동식 칸막이로도 Hall의 크기는 조정 가능하다.

2) 독 일

독일의 전시장 규모는 약 2.2백만m²로 세계 전(12백만m²)의 약 20%를 차지한다. 독일은 세계적으로 약 30여개가 있는 10만m²를 상회하는 단위전시장 가운데 8개를 보유하고 있을 만큼 전시·컨벤션산업에 많은 관심을 가지고 있으며, 1990~1999년까지 10년간 전장 신축 및 현대화를 위해 약 42.5억 DM(도이치마르크)를 투자하였다.

ICC Berlin(International Congress enter)는 베를린 시내 Messe Berlin 옆에 위치하고 있다. 동서독 분단 시 동독 내 고립되어 있던 서베를린의 중흥을 위하여 서독 연방정부 차원에서 건립 추진하였고, 1970년대 말 완공된 것으로 당시 세계 최고의 컨벤션센터 건설을 목표로 최첨단시설을 수용하여 현재까지도 세계에서

---

1) Britain for Events: Venues.org.uk, 2010.10.19.

가장 뛰어난 컨벤션시설로 인정받고 있다.

ICC Berlin(International Congress Center)는 전시관람객, 업계 의사결정자, 전시회 참여업체 및 기관에 이상적인 회의여건을 제공하고, Trade Fair나 Exhibition 참가자들의 요구에 부합하는 Seminar, Conference, Product presentation, Forum 수행을 위한 시설을 제공하는 등 이론과 실제, 회의와 전시를 결합시키는 완벽한 장소로서의 역할을 한다.

Congress+Trade Fair의 성격을 지닌 ICC Berlin는 창립 이래 5년 사이에 7,800회 이상의 Congress를 수행하였고, IBM, Daimler Benz, SAP, Volkswagen 및 Deutsche Lufthansa의 총회 등을 개최하였다.

길이 320m, 폭 80m, 높이 40m의 초현대식 건물로 80개의 Rooms과 Halls이 있고 이중 가장 큰 홀(Hall 1)에 5,000 좌석이 영구적으로 설치되어 있으며, 각 Hall이나 Room에는 첨단 회의시설 및 부대시설을 구비해 놓고 있다. 현재 100,000m^{2}의 전시면적을 가진 Messe Berlin과 3층으로 된 연결통로를 통해 ICC Berlin은 연결되어 있어 화물차 엘리베이터를 통해 ICC 내부까지 화물운반이 가능하며, Trade Fair나 Congress 참가자들이 우천 시 문제가 없도록 통로를 확보했다.

ICC의 주요 특징은 각종 규모의 컨벤션과 이벤트를 수용할 수 있는 충분한 강당과 로비면적을 보유하고 있고, 필요할 경우 2개의 대단위 홀(Hall 1, Hall 2)을 결합하여 7,000석 규모의 강당을 만들 수 있으며, 모든 청중이 잘 볼 수 있도록 되어 있으며, 중앙무대는 국제 테니스대회 및 아이스하키대회 개최가 가능한 유럽에서 가장 큰 실내 무대를 가지고 있고, 최신 회의기술과 인간공학적인 의자를 통해 최대한의 안락함과 편의를 확보하였으며, 최단 Adjustable의자 구비(동시통역, 개별조명, Dining Table)해 놓고 있다.

Messe Berlin의 경우 베를린 Downtown인 Zoologischer Garten의 남쪽 중심지로 공항에서 남쪽으로 15분 거리에 위치하고 있고 시장(Fairgrounds)까지 도시 및 지역교통의 적절한 연계가 이루어지고 있으며, Autobahn 외에 4개의 지하철과 지역 철도역이 선택 가능하다.

또한 다양한 버스노선이 Fairgrounds에 연결, 많은 택시가 주 출입구까지 진입하여 교통이 편리하다. 전시장 시설현황을 살펴보면 전시 가능면적은 97,500m^2 (약 3만평/COEX의 3배 규모)이며 또 이곳은 혁신적이고 실용적 공간을 추구하고

Hall Space의 다양한 선택폭의 제공하며 이중 바닥(각 바닥 25,000m²)의 Hall 단지를 구성하여 유동성을 확보한다.

회의 및 리셉션시설은 전시장 동별로 소규모 회의시설을 보유하고 있으며, Catering을 수반하는 회의의 경우 부속건물인 Berlin-ICC를 이용한다. 숙박시설의 경우에는 전시장이 시내에 위치하고 있어 전시업체나 관람객들에게 국제수준의 호텔 선택권을 폭넓게 제공하고 있으며, 베를린 소재 주요 호텔은 Fairgrounds로 부터 버스나 열차로 30분 이내의 거리에 위치하여 센터에서 편리하게 이용할 수 있다.

세계에서 두 번째로 큰 전시장을 보유한 프랑크푸르트 전시장이 친환경 기준을 충실히 준수한 Congress Center인 캡유로파(Kap Europa)를 새로 건립하고 있다. 이와 연계하여 독일컨벤션뷰로(German Convention Bureau, GCB)와 유럽이벤트센터협회(European Association of Event Centres, EVVC)가 주최하는 그린미팅이벤트 콘퍼런스(Green Meetings and Events Conference, GMEC)가 2015년 2월 신규 Congress Center인 캡유로파(Kap Europa)에서 개최될 예정이다. 현재 프랑크푸르트 시내의 유로파 디스트릭트(Europa district)에 건설 중인 캡유로파는 전시장 단지 인근에 소재하며, 우수한 현지 대중교통 서비스를 갖추고 있어 접근성이 뛰어나다. 이 시설은 4층 규모의 건물로 분할 활용이 가능한 1,000석 규모의 플레너리홀과 12개의 중소회의실로 구성되어 있다.[2]

---

2) Global MICE Insight, 2013 Vol. 14.

파리컨벤션센터

　영원한 문화의 도시, 예술의 도시, 파리의 어느 곳에서도 근이 가능하고 어느 도로와도 통하는 위치에 있는 파리컨벤션센터는 오스카상 시상식에서부터 정상회담, 최첨단 기술박람회에서부터 신상품설명회에 이르기까지 모든 종류의 회의 개최가 가능하다. 동 컨벤션센터는 2,420평 (86,104ft²)의 전시면적에 약 500개 전시업체의 전시가 가능하다.

　동 컨벤션센터의 회의시설로는 1,813/3,723석의 오디토리움, 2개의 원형극장(720석의 Salle Bleu와 400석까지 가능한 Salle Havane), 50에서 400석 규모의 회의실이 14개, 그리고 비서가 있는 50개의 최상의 사무실이 구비되어 있다. 또한 3곳 통제실과 연결되어 있는 TV와 Video센터는 20년 경력의 경험과 전문성으로 TV 프로그램을 만들고 회의를 개최하며 행사를 방영한다. 이곳에서 제공되는 전문 시청각 통신업체의 최상의 서비스는 그 기술성, 유연성, 효율성, 잠재력 및 창의성을 유감없이 발휘하고 있다. 또한 리셉션공간에는 참가자 4,000명까지 수용할 수 있고 15년 이상의 경력을 갖춘 영어사용 가능직원을 배치하여 최상의 질과 서비스를 제공하고 있다.

　부대시설로서는 유명 디자이너 상표가 부착된 상품을 팔고 있는 80개의 화려한 부티크가 있으며, 5개의 식당에서는 다양한 맛의 다양한 음식이 제공되고 있다. 회의 참가자들을 위하여 2,000개가 넘는 객실을 확보하고 있는 특급호텔이 바로 옆 유명한 Bois de Boulogne 공원가에 자리잡고 있으며, 우체국, 은행, 방송사, 담배판매소, 약국 등도 위치하고 있다. 1,500석의 주차시설도 빼뜨릴 수 없는 시설이다.

3. 미국의 컨벤션산업

1) 미국의 컨벤션산업 환경 분석

세계에서 컨벤션활동이 가장 활발하게 이루어지고 있고, 컨벤션이 도시의 주요 산업으로 정착 이 바로 미국이다. 세계적인 컨벤션 개최국인 미국은 시장규모만 약 3500억 달러에 달하는 거대시장이다. 미국의 컨벤션산업의 중심에는 컨벤션시티와 컨벤션뷰로(Convention Visitors Bureau)가 있다.

컨벤션시티란 국제적 컨벤션의 연속적인 개최에 무리가 없도록 충분한 회의장, 숙박시설 등이 마련되어 있는 곳으로서 매력적인 관광자원이 주변에 존재하는 등의 제반 환경조건이 정비되어 있는 컨벤션산업 진흥계획이 마련된 도시 혹은 지역[3]으로, 컨벤션시티를 지향하는 도시가 1970년 15개 도시에서, 현재는 대소 600여개 도시에 이르는 것으로 추정된다.[4]

컨벤션뷰로는 국내외 주요단체 본부 및 사무국을 방문하여 유치활동을 벌이고 있다. 미국은 1960년에 건립된 시카고의 멕코믹 플레이스(McCormick Place)를 시작으로 전국적으로 컨벤션센터 건립 붐이 일어났다. 당시 컨벤션센터의 건립은 대부분 기존 도시의 쇠퇴와 슬럼화(slum)를 해결하거나, 도심 내 부적절한 기능을 컨벤션으로 재배치하는 등 각 도시의 재개발사업이나 도시 재활성화 전략의 일환으로 추진되었다. 대표적인 예로는 1976년 건립된 죠지아 월드 콩그레스센터(Georgia World Congress Center)와 1986년 건립된 제이콥 케이 자비스 컨벤션센터(Jacob K. Javits Convention enter) 등이 있다.

그러나 다른 한편으로는 컨벤션참가자의 다양한 욕구에 부응하고 컨벤션 개최지로서의 명성을 높이기 위해 기존의 관광도시에 컨벤션센터를 건립하는 사례도 증가하였는데, 텍사스주 샌안토니오시의 안토니오돔(San Antonio Dome)이나 라스베이거스 컨벤션센터, 올란도 월트디즈니월드 내 컨벤션센터 등이 그 예이다.

일리노이주 시카고에 위치한 멕코믹 플레이스(McCormick Place)는 5대 호의 하나인 미시간호에 근접하여 훌륭한 경관과 관광자원을 보유하고 있으며, 충분

---

3) 문화관광부, 국제회의 육성방안, 1998, p. 25.
4) 김영준, 국제회의 유치전략, p. 405, '국제컨벤션산업의 한국유치전략', 부경상대학교, 논문집 제16집, 1996. p. 405.

한 숙박시설뿐만 아니라 시카고 공항과 간선 도로망도 잘 정비되어 있어 접근성이 매우 우수한 최적의 컨벤션 개최지이다. 멕코믹 컨벤션센터는 공업중심으로 발전해온 시카고에서 개최되는 회의 및 전시가 확대됨에 따라 이용하기 위한 복합시설로 개발되었다.

컨벤션시설 건립에 필요한 부지는 시카고 공원국에서 무상으로 제공하였으며, 초기 시설건립비용은 도시전시박람회국(The Metropolitan Fair and Exposition Authority)이 일리노이주의 보증으로 1억2천5백만 달러의 채권을 발행하여 조달하였다. 현재 멕코믹 플레이스는 동전시장, 북전시장, 남전시장으로 확장되었으며, 이러한 단계적 확장을 위한 기금 마련을 위해서 최초 건립 시에는 경마세와 담배세 수익금에서, 1987년부터는 음료수 판매세 5% 신규징수와 호텔세 1% 추가 징수를 통해 확장기금을 마련하였다.

그리고 1996년 개장된 남전시장 건립에 소요되는 재원은 주정부의 일반채권발행과 건설기간 동안의 기타 수익금5)으로 조달되었다.

2) 미국 컨벤션산업 실태 분석

미국 내의 컨벤션산업의 특징을 정리하면 다음과 같다.

〈표 2-2〉 미국의 컨벤션 건립지원 및 형태

| 이 름 | 건설주체 | 지원 방식 | | | 전시공간 (평) | 운영주체 |
		부지	건설비용 (억 달러)	기금조달		
Jacob K Jabits Convention Center	도시개발공사 산하의 CCDC	뉴욕 정부소유 토지의 무상 임차	4.86	주정부기관의 공채발행 및 뉴욕시 지원금	25,000	CCDC
Jorgia World Congress Center	GWCC	주정부가 매입후 GWCC에 제공	3	주정부가 공채 발행	27,075	GWCC
McCormic Place	공공기관인 MPEA	시카고로부터 무상임차	9.87	주정부의 보증으로 MPEA가 공채발행	65,656	MPEA
Las Vegas Convention Center	공공기관인 LVCVS				28,9520	LVCVS
LA Convention Center	LA 재개발국	-	-	LA 재개발국 기금	24,360	LACEA
MGM Grand Convention Center		-	-		1,742	-

---

5) 기타수익기금은 택시공항출입세(1달러), 당해지역의 자동차대여세(6%), 도심지역 식당세(1%), 시카고 호텔세(2.5%)로 구성.

첫째, 미국 내의 국내 컨벤션산업의 규모이다. 미국 내의 컨벤션산업의 규모는 다른 나라와 비교할 수 없을 만큼 크다. 유럽의 경우는 대륙 전체나 특정 도시의 컨벤션 개최율이 높은 반면, 자국 자체의 컨벤션산업의 규모는 매우 작다. 하지만 미국의 경우는 반드시 국제협회가 정하는 기준대로의 컨벤션이 아닌 자국의 컨벤션시장의 규모가 다른 나라의 컨벤션시장 규모보다 더 크다고 볼 수 있다. 따라서 이로 인한 시설투자나 운영규모가 자연히 발전할 수밖에 없다.

〈표 2-3〉 미국의 주요 컨벤션센터와 규모별 순위

순위	전시장명	도시명	최대전시장 면적(SF)
1	McCormick Place	Chicago	2,200,000
2	Orange County C.C.	Orlando	2,100,000
3	Las Vegas C.C.	Las Vegas	1,984,755
4	Georgia World Trade C.	Atlanta	1,400,000
5	Ernest Memorial C.C.	New Orleans	1,100,000
6	Kentucky Fair & Exhibition Center	Louisville	1,068,000
7	Reliant Center	Houston	1,056,213
8	Sands Expo C.C.	Las Vegas	1,040,600
9	Dallas C.C.	Dallas	1,019,142
10	Mandalay Bay Resort	Las Vegas	934,731

자료 : Tradeshow Week, 2006.

결국 기존시설 이외의 컨벤션을 위한 별도의 설비투자나 설립 없이도 컨벤션시장 내에서의 경쟁력을 충분히 가질 수 있다는 점이다.

둘째, 미국의 컨벤션산업은 트레이드 쇼(Trade Show)의 형태가 주를 이룬다는 점이다. 다른 나라의 컨벤션이 비교적 논의 중심의 회의형식의 컨벤션이라면, 미국의 컨벤션은 이벤트 성격의 트레이드 쇼 중심의 컨벤션이라 점이다. 따라서 전시회나 박람회, 발표회 중심의 컨벤션 형태에 회의형식을 추가하는 방식을 취하는 것이 특징이다. 미국은 주정부의 지원 속에 공공기관이 운영을 중심으로 구축되어 있는 컨벤션센터를 통해 매년 360회 이상의 대규모 전시회를 개최하고 있다.

대표적인 전시회로는 22,000개사와 25만 명의 바이어가 참가하는 COMDEX 전시회를 꼽을 수 있다. 전시회가 활발히 개최되고 있는 미국의 컨벤션센터의 경우는 주정부 및 시의 지원을 받고 공공기관에 의해 설립되어 운영하고 있으며, 미국의 경우 컨벤션센터의 설립부지는 주정부 소유의 부지를 임대해 주는 방식이 일반적이다. 또 건설비용은 주정부가 공채를 발행하거나 주정부의 보조금으로 공공기관이 공채를 발행하여 충당하며 도시개발기금이 지원되는 경우도 있다.

컨벤션센터는 행사 유치를 위해 저렴한 가격으로 임대해 주기 때문에 불가피하게 적자로 운영되는 경우가 일반적이어서 임대수입만으로 운영이 어려워 이를 보전하기 위한 주부의 재정지원과 조세지원이 추가된다. 시카고 정부는 컨벤션센터에 대해 재정지원과 더불어 컨벤션 업종에 부과되는 인가세(authority tax)를 면제하여 주고 있고, 뉴욕에서는 주세인 기업 소득세, 시세인 기업소득세, 부동산세 등을 면제하며 무역전시장 운영기관은 전시회 유치 및 홍보담당, 호텔운송, 관광 등의 관련업체가 운영비 일부를 부담한다.

Las Vegas의 Clerk County에 있는 호텔과 모텔의 객실료에는 9%의 호텔세를 부과하는데, 징수된 호텔세는 컨벤션센터의 운영비로 사용되며, 라스베이거스 지역과 같은 특수한 지역에서는 카지노 수입으로 컨벤션센터의 적자를 보전시킨다.

라스베이거스 컨벤션센터의 결산내용을 보면 카운티 내 호텔객실을 대상으로 징수한 객실세가 총수입의 73%를 차지하였으며, 지출은 마케팅 및 지자체에 대한 홍보비 지원이 주요 내용이다.

셋째, 미국의 컨벤션산업은 정기적 회의가 비정기적 회의에 비해 시장에서 차지하는 비율이 월등하게 높다는 점이다. 1989년 참가자 기준 총 컨벤션시장의 규모는 93.7백만 명이고 이 중 각종 협회나 조합 및 각 기업이 주관하는 정기적인 컨벤션의 참가자 비중은 약 77%에 달한다. 이러한 요인은 컨벤션시장이 꾸준히 발전하는데 매우 중요한 역할을 담당하는 요소이며, 그만큼 기존의 컨벤션시장이 형성되어 있다는 점에서 그렇다.

넷째, 미국기업들의 보상관광차원의 해외 컨벤션 개최가 증가하고 있다는 점이다.

미국 내 도시별 컨벤션 개최현황을 보면 세계 도시별 컨벤션 개최현황과 다소 차이를 보이고 있다. 미국 내의 컨벤션 개최실적 1위 도시는 뉴욕이 차지하고 있는데, 이는 미국 내의 컨벤션은 기업중심의 상품 쇼나 이벤트성의 컨벤션이 많기 때문이다.

라스베이거스 관광청(The Las Vegas Convention and Visitors Authority, LVCVA)

에 따르면 2013년 라스베이거스 방문객은 약 3,900만 명이었으며, 특히 최근 5년 동안 컨벤션 참가자가 가장 많았던 것으로 나타났다. 또한, 2013년 라스베이거스에서 개최된 미팅 건수는 22,027건이고, 참가자 수는 약 500만 명으로 이는 전년 대비 각각 1.9%, 3.3% 증가한 수치이다.[6]

미국 텍사스 주 샌안토니오(San Antonio)에 위치한 Henry B. Gonzalez Convention Center의 확장사업에 관할 시가 3억 2500만 달러를 투자하기로 2013년도에 결정함에 따라 미팅 전문가들의 관심이 집중되고 있으며, 이번 확장사업으로 도시 전역의 회의 및 대규모 컨벤션 행사를 유치시켜 주변 호텔 활성화에 기여할 것으로 예상되며, 또한, 미국생식의학회(ASRM)를 주요 고객으로 확보하여 향후 2년간 연례회의 개최 시 1만 8,000여 개의 호텔 객실이 판매될 것이라 예측되었다.[7]

3) 미국의 컨벤션산업

미국의 컨벤션시장은 그 규모면에서 가히 세계 최대라고 할 수 있으며, 1인당 컨벤션 관련 비용지출에서도 세계 최우량 시장임에는 틀림이 없다. 이상에서 제시한 미국 내 컨벤션의 단위규모는 대부분 컨벤션의 규모를 능가하는 것이지만, 컨벤션연합(UIA)의 컨벤션 기준에 모두 부합한다고 볼 수는 없다.

특히 참가 대상국이 다변화되어 있지 않은 자국 내의 참가자들만을 위한 컨벤션의 비중을 생각해 볼 때 그러하다고 말할 수 있다. 그러나 미국이 차지하고 있는 세계 컨벤션시장에서의 위치도 그 물량이나 내용 면에서 최고의 자리를 고수하고 있다.

실제로 최근 5년간(2009~2013)의 국가별 컨벤션 개최 실적 면에서 최상의 자리를 유지하고 있다. 컨벤션 개최의 실질적 내용면에서도 상위 10개국 총 컨벤션 개최 건수의 20%를 점유하고 있으며, 이렇게 미국이 세계 컨벤션시장 내에서 자리를 차지할 수 있는 것은 전국 600여개의 컨벤션 도시와 전국 300여개의 도시에서 운영하고 있는 미국 상무성 산하의 Convention & Visitor Bureau 덕택이다.

미국기업들이 출장비와 시간 절감을 위해 기업회의 장소를 시내 호텔이나 리조트가 아닌 공항을 선호하는 추세이며, 이러한 수요가 증가함에 따라 각 공항은

---

6) Successful Meetings, 2014, 2월호.
7) San Antonio Business Journal, 2013.12.23.

회의 시설을 증축하거나 개조하고 있으며, 시애틀 공항, 포틀랜드 공항, 클리블랜드 공항 등은 이미 오래 전부터 회의시설을 갖추고 있었다.

시애틀 공항에서는 2013년 1,200건의 회의가 개최되었으며, 이는 2008년 845건에 대비 대폭 증가한 수치이며, 또한, 공항호텔들은 경쟁력을 높이기 위해 회의시설 보수 및 객실을 회의시설로 전환하는 공사를 진행하고 있다.[8]

4) 미국의 컨벤션 전문 용역업체 현황

미국 컨벤션산업이 다른 나라와 차이점이 있다면 바로 다른 나라에서처럼 官주도형이 아니라 협회나 기업 중심의 민간 주도형이라는 점이다. 물론 미국 내 약 300여개의 도시에 상무성 산하의 Convention & Visitor Bureau를 운영하고 있지만, 이들의 역할은 다른 나라와 같이 컨벤션산업을 주도하기보다는 민간이 주도하는 컨벤션업무를 보다 효율적으로 수행할 수 있도록 정부가 지원하는 형태의 상호 협조체제로 운영되고 있다. 따라서 미국의 컨벤션 전문용역업체의 수와 전문인력은 세계 최고 수준이라고 말할 수 있다.

다만, 컨벤션 전문용역업체가 각 주마다 시 협회를 이루고 있고 여기에 회의기획전문가가 참여하는 형태로 운영되는 것이 특징이라 하겠다. 최근 미국 주 중에서 컨벤션협회가 가장 많은 주는 District of Columbia가 1위(1,200개, 회의기획가 2,158명), 뉴욕 주가 2위(839개, 1,326명), 일리노이 주가 3위(772개, 1,233명), 버지니아 주가 4위(759개, 1,358명), 캘리포니아 주가 5위(550개, 847명)를 차지했다. 이들은 협회를 중심으로 전문회의 기획가가 참여하는 공동조직으로 컨벤션산업을 주도하고 있으며, 이것이 바로 미국 컨벤션산업의 최대 강점이기도 하다.

4. 아시아지역 컨벤션 현황

1) 아시아지역 컨벤션산업 현황

아시아지역은 대륙별 순위에 있어서 1990년 이후 3위의 자리를 차지하고 있으나, 최근 들어 동아시아를 중심으로 그 시장점유율을 점차로 높여가고 있다. 그

---

8) The New York Times, 2014.5.26.

동안 아시아지역에서의 컨벤션 개최율이 낮았던 이유는 컨벤션을 위한 제반 시설의 취약 때문이었다.

그러나 최근 경제가 다른 대륙에 비해서 전반적으로 속도와 정도 면에서 월등해지고 이에 따른 아시아지역에 대한 투자와 경제활동참여가 높아지고 발전 정도에 따른 아시아 각국들의 정보에 대한 욕구가 커지면서 컨벤션 개최에 대한 요구와 의욕이 점차 확대되어가는 추세이다.

2013년 기준으로 아시아지역에서는 1위 싱가포르(994건), 2위 대한민국(625건), 3위 일본(588건), 4위 중국(210건) 순으로 국제회의를 개최하였다.

2) 일본의 컨벤션산업

(1) 일본의 컨벤션산업 환경 분석

일본은 2013년 국제회의 개최 건수 588건으로 세계 컨벤션 개최 건수에서 4위를 차지하고 있다. 일본의 컨벤션산업정책은 1960년대부터 시작되었으며, 일본 운수성은 1960년대에 국제관광진흥회(JNTO)에 컨벤션뷰로를 설치하여 지자체 및 컨벤션 관련업계와 함께 컨벤션 진흥전략을 추진하여 왔으며, 1986년에 '국제 컨벤션시티 구상'을 책정하여 국가 차원의 컨벤션 랜드화를 추진하고 있다.

1985년에는 지방의 경제활성화 및 내수진흥이라는 목적 하에 운수성 산하 관광연락회의에 컨벤션분과회를 설치하였으며 '21세기 컨벤션 전략'이란 시책도 운수성에 의해 작성·추진되고 있다. 그리고 1987년에는 '컨벤션 도시계획'이라는 컨벤션산업 육성책을 채택하고 1988년부터 컨벤션도시를 지정하여 금융·행정상의 각종 지원책을 마련하는 등 국가적 차원에서 컨벤션 수용체계 구축을 위한 지원을 아끼지 않고 있다.

이의 결과로 1988년까지 전국 19개 도시가 컨벤션도시로 지정되었으며, 1994년에는 '컨벤션 유치촉진 및 개최 원활화에 의한 국제관광진흥에 관한 법률'(일명 컨벤션법)이 제정되었고, 동시에 컨벤션 유치 배가계획이 운수성에 의해 발표되는 등 정부차원의 컨벤션산업 진흥과 컨벤션시설 건립지원이 충실하게 이루어지고 있다.

일본은 컨벤션도시를 조성함에 있어서 컨벤션시설부터 우선적으로 건설해나가는 것이 특징인데, 실제로 1994년과 1995년에 요코하마와 지바, 오사카, 벳부 등의 도시에 8~10개의 대형 컨벤션센터가 완공되었으며, 나고야, 삿포로, 나가사키 등의 약 7~8개의 도시에 역시 대규모 컨벤션 및 전시장을 건립하고 있거나 계획을 추진 중에 있다.

(2) 일본 컨벤션산업 실태 분석

일본의 컨벤션산업의 특징은 다음과 같다.

첫째, 일본은 다른 어느 나라에 비해 컨벤션산업을 국가의 집중육성산업으로 삼고 정부의 강력한 후원아래 장기적 계획을 수립하고 이를 실천해오고 있다는 점이다. 일본정부는 1960년대부터 컨벤션산업을 국가의 최우선 정책 중의 하나로 인식하고 일본국제관광흥회를 통해 전국을 컨벤션센터화하고 있다. 또 이를 위한 진흥법까지 책정하고 컨벤션시설을 위한 금융·세제 상의 후원을 아끼지 않고 있다.

둘째, 도쿄-교토-오사카-고베를 축으로 하는 컨벤션 개최전략을 중심으로 전국을 대상으로 하는 컨벤션 연결망을 구성하고 있다는 점이다. 실제로 이를 위해서 일본국제관광진흥회를 중심으로 각 지자체에서 운영하는 컨벤션뷰로가 잘 운영되고 있으며, 각 지자체 간의 경쟁과 협조를 잘 이끌어가고 있다.

셋째, 컨벤션 시설 면에 있어서 대규모 시설에서 중소도시의 소규모 시설에 이르기까지 거의 완벽한 시설과 운영체계를 갖추고 있다는 점이다. 오사카나 요코하마 등의 대규모 시설에서부터 벳푸 등의 소도시에 이르기까지 동시통역시설이나 숙박시설 등이 컨벤션 시설규모에 맞도록 거의 안전하게 잘 설비되어 있다는 점이다.

넷째, 비록 대부분 컨벤션 유치를 위한 활동이 일본국제관광진흥회에 의해 주도되고 있지만, 각 지자체 및 시별로도 직접적이고 적극적인 해외 시장개척에 나서고 있다는 점이다. 이를 위해서 해외 각국의 일본국제관진흥회 사무실을 통해 각 도시와 지자체별 컨벤션뷰로에 대한 안내와 홍보 등이 체계적으로 이루어지고 있다.

일본은 1985년 운수성 산하 관광연락회의에 컨벤션분과를 설치하였으며, 1987년 "국제회의 도시계획"이란 육성정책 하에 1988년부터 컨벤션도시를 지정하여 행정·금융상의 각종 지원시책을 실시하고 있다. 또한 1994년는 컨벤션법을 제정하였고, 운수성이 "컨벤션 배증계획"을 발표하는 등 정책적 지원 강도를 높이고 있다.

일본의 컨벤션시설개발은 신도시 또는 대도시 내 부도심 개발수단으로서 활용되고 있으며, 회의시설과 전시시설을 분리하여 건립하고 이를 효과적으로 연계함으로써 컨벤션의 복합적 기능을 원활히 수행할 수 있도록 하는 특징을 지니고 있다.

일본의 도쿄, 요코하마, 오사카, 나고야 등 주요 대도시를 보면 예외 없이 대규모 전시장 또는 컨벤션센터를 갖추고 있다. 국제적인 대규모 박람회 개최가 가능한 전시장이 63개나 되며 국제규모의 전시장도 10개나 된다. 일본 전시산업의 중심은 단연 도쿄이며, 아시아에서 가장 큰 전시장인 도쿄국제컨벤션센터(20,139평)와 마쿠하리 컨벤션센터(22,000평)이 모두 도쿄를 중심으로 위치해 있다.

KOTRA에 따르면 도쿄국제컨벤션센터의 1차 생산유발 효과는 7,918억엔(약 8조 1,555억원)에 이르고, 연간 700억엔(약 7,210억원)의 순익을 올리는 것으로 추정되는 마쿠하리 컨벤션센터까지 합하면 도쿄 컨벤션산업의 고용효과는 5만명에 달하고 연간 박람회를 통해 1조 2200억엔(약 12조 2566억원)의 직·간접 소득을 올리고 있다.

'도쿄모터쇼', '도쿄 국제선물용품박람회', '도쿄 식품박람회' 등 세계적 규모의 박람회 개최횟수는 연중 380여 회에 이른다. 또한 도쿄를 중심으로 요코하마, 지바 등을 연결하는 삼각지대를 구성해 21세기 국제 비즈니스 거점으로 육성해 나가고 있는 일본의 전시산업정책은 많은 것을 시사해 주고 있다.

일본 도쿄의 위성도시인 지바현 마쿠하리에 위치하고 있는 마쿠하리 컨벤션센터는 54,353m² 면적에 11개 전시홀을 갖춘 일본 두 번째 규모이다. 나리타 국제공항과 연결된 고속도로로 30분 안에 접근이 가능하고, 도쿄와도 30~40분 거리에 위치하고 있으며, 도쿄 디즈니랜드도 인접해 있어 국제적 컨벤션 개최지로서의 최적의 환경을 갖추고 있다.

마쿠하리 컨벤션센터는 마쿠하리 재개발지구계획의 핵심인 동시에 상징으로서 8개 지구 중 타운센터 지구에 속해 주변에 상업, 문화, 오락, 숙박 등 도심기능이 집적되어 있어 미래형 국제업무 도시로서 개발 특성을 지니고 있기도 하다.

아시아 10위권 컨벤션센터 중 상위 4개 컨벤션센터를 보유하고 있는 일본은 도쿄를 중심으로 열리는 다양한 박람회 산업이 전후 일본경제건설에 큰 역할을 했다는 평가를 얻고 있다. 도쿄 전시산업 선진화는 지방정부의 재정 및 세제지원책에 힘입은 바가 크다. 지방정부가 직접 나서 중복전시를 없애 특정 유망전시회를 지역개발사업으로 집중 육성한다. 해외바이어 유치를 위한 홍보비용 등 정부의 예산지원을 강화하고 국제회의, 문화행사 등 전시회 프로그램 개발에도 발벗고 나서고 있다.

3) 싱가포르의 컨벤션산업

(1) 싱가포르의 컨벤션산업 환경 분석

싱가포르는 Business Travel(BT)와 MICE를 통합하여 관광산업의 핵심으로 육성하고 있다. 이 분야는 매년 높은 성장률을 보이고 있으며 세계컨벤션협회로부터 6년 연속 아시아 최고의 컨벤션 도시로 선정되었다.

싱가포르는 관광청 내에 컨벤션업무를 관장하고 있는 싱가포르 컨벤션뷰로를 운영해오고 있으며, 이 컨벤션뷰로의 각 해외 지사는 다른 어느 나라의 컨벤션뷰로보다 더욱 적극적이고 폭넓은 활동을 보이고 있다. 이렇듯 싱가포르 정부는 국가적 차원에서 세계적 컨벤션도시로 성장시키기 위해 컨벤션시설의 건립과 컨벤션산업 진흥에 적극 지원을 아끼지 않고 있다.

구체적으로 싱가포르 정부는 대규모 컨벤션을 홍보 유치하기 위하여 1995년을 '싱가포르 만남의 해'로 선포했었고 이를 위해 초현대적인 규모와 시설을 갖춘 선텍시티(suntec city)를 1995년에 완공했는데, 이 선텍시티 내 싱가포르 국제컨벤션/전시센터는 12,000명을 동시에 수용할 수 있는 아시아 최대 규모의 컨벤션시설로서 총투규모가 12억 달러에 달하는 세계 최대의 컨벤션 전문시설이라고 할 수 있으며, 15,000명 수용 대회장인 인도어 스타디움 계획 등 21세기의 컨벤션도시 겨냥한 컨벤션 수용환경 확충에 과감한 투자를 하고 있다.

기존의 주요 컨벤션 시설로서 1986년 개관한 래플즈시티 컨벤션센터를 들 수 있는데, 이 시설은 3,500석 규모로서 웨스틴 스탬포드 호텔(1,232실)과 훼스틴 플라자(794실) 등 2,053실 규모의 호텔 및 대형 쇼핑센터 등과 복합적으로 조성되어 있다.

싱가포르는 이미 국제적인 수준의 MICE 환경을 가지고 있음에도 불구하고 싱가포르 정부는 센토사섬(Sentosa island), 마리나만(Marina Bay) 등을 중심으로 대규모 복합 리조트를 개발하면서 공격적으로 시설 확장을 지속하고 있다. 센토사섬의 경우 2010년 약 49만m^2 규모로 카지노, 컨벤션센터, 해양생태공원, 유니버셜 스튜디오, 호텔 6개 등을 갖춘 복합 컨벤션 엔터테인먼트 콤플렉스인 리조트월드 센토사(Resort World Sentosa)가 개장되었다. 또한 마리나만의 경우 컨벤션, 호텔, 카지노 등 다양한 형태의 서비스 시설을 갖춘 대규모 복합 리조트인 마리나 베이샌즈(Marina Bay Sands)도 2010년에 개장했다. 이 두 개의 복합 리조트 개장으로 MICE 행사장으로 활용할 수 있는 전시장 규모는 기존 135,000m^{2}에서 180,000m^{2}가 증가해 총 315,000m^2 규모까지 확대되었다.[9]

상기의 시설 이외에도 마리나 스퀘어, 창이 국제 컨벤션/전시센터, 세계무역센터, 국제상품시장, 싱가포르 회의 홀 등 컨벤션 전용시설에 의해 도시가 구성되고 있다고 해도 과언이 아닐 정도의 다양한 컨벤션시설을 갖추고 있는 전형적인 컨벤션도시고 할 수 있다.

그러나 싱가포르 컨벤션산업 환경이 지니고 있는 강점은 시설뿐만이 아니다. 우선 강력한 정부의 정책적 뒷받침으로 인한 싱가포르의 이미지가 컨벤션 행사 대표단이나 참가자들에게 매우 긍정적으로 인식되고 있다는 점이다.

또한, 완벽한 시설환경과 영어를 구사하는 나라로서, 언어문제의 해결도 전체 싱가포르의 컨벤션산업 환경이 갖는 매우 긍정적인 강점이 되고 있다. 이밖에도 교통의 편리성, 우수한 관광상품 등 거의 모든 환경이 잘 조화를 이루고 있다는 것이 다른 어느 나라에서도 찾아보기 힘든 싱가포르만의 장점이라고 할 수 있다.

싱가포르 컨벤션산업의 특징은 다음과 같다.

첫째, 도시의 모든 기능이나 시설이 컨벤션산업을 중심으로 형성되어 간다는 점이다. 다른 나라와 비교해서 도시국가인 싱가포르는 그 시설공간 측면에서 매우 불리할 수밖에 없는 환경을 지니고 있다. 그러나 오히려 싱가포르는 이 한계를 컨벤션산업 경쟁력으로 바꾸어 놓았다. 정부의 적극적인 후원아래 도시 기능을 컨벤션산업을 육성하는데 유리할 수 있는 환경으로 꾸며놓은 것이다.

둘째, 다른 나라에서처럼 컨벤션을 관광산업 진흥책의 하나로 인식하는 것이 아니라 관광을 컨벤션산업을 뒷받침하는 수단으로 활용하고 있다는 점이다. 물

9) 싱가포르의 주요 산업: MICE, 의료관광을 중심으로, 대외경제정책연구원, 2011.

론 싱가포르의 관광산업은 컨벤션산업과 분리하더라도 매우 우수한 자원으로 평가받을 수 있다. 일반 관광객의 수가 컨벤션 참가자들보다도 월등히 많다. 그러나 컨벤션시설과 관광시설을 하나의 단지 개념화하여 컨벤션 유치에 관광상품이 큰 몫을 하도록 배려하고 있다는 점이 다른 나라와 다른 점이다.

셋째, 싱가포르의 공식 언어가 영어라는 점이다. 이는 막상 컨벤션을 유치하기 위해 준비해야 하는 과정이나 고려되어야 할 언어문제를 자연스럽게 해결할 수 있는 또 하나의 싱가포르 컨벤션산업의 강점이라고 할 수 있다. 따라서 컨벤션을 중심으로 모든 유관체제가 조직적으로 외국인들을 맞이하고 컨벤션 운영전반을 언어의 불편 없이 이끌어갈 수 있다는 유리한 점을 갖고 있다. 이는 특히 싱가포르를 방문하는 외국인들에게 심리적으로나 또 실질적으로 매우 긍정적인 효과를 이끌어내고 있다.

넷째, 싱가포르의 국가이미지가 갖는 신뢰도이다.

국제적인 신용기관이나 국가 신용도를 측정하는 기관의 발표를 보면 항상 싱가포르는 선두 그룹에 끼어 있다. 따라서 대외적인 국가이미지가 매우 긍정적이고 신뢰를 갖게 하며 이러한 국가 이미지는 관광산업뿐 아니라 컨벤션산업과 모든 국가 경제부분에서 매우 유리한 위치를 선점할 수 있게 해준다.

지역에서의 컨벤션 개최율이 증가하면서 이제 아시아는 컨벤션산업에 있어서 가장 전망이 좋은 시장으로 부상하고 있다. 이에 발맞추어 아시아 각국들은 이미 오래 전부터 정부와 민간의 상호 협조로 자국의 컨벤션시장에서의 비중을 높이고 이를 통해 컨벤션 자국유치를 위해 전력을 쏟고 있다.

편리한 항공편과 통신망, 최고 수준의 보안과 안전성, 우적인 비즈니스 환경 또한 싱가포르가 이상적인 박람회 장소로 자리잡는 데 핵심적인 역할을 해왔다. 싱가포르의 국제전시장 현황을 살펴보면 첫째, ICEC(Singapore Int'l Convention & Exhibition Center)는 1995년 3월 개장하였고 연면적 100,000m^2(전장 규모 24,000m^2)의 규모이다.

둘째, SINGAPORE EXPO는 1999년 3월 초 개장하였으며 실내 60,000m^2, 옥외 15,000m^2의 규모는 전시면적으로는 일본을 제외하고 아시아 최대의 규모이다. 소유는 싱가포르 정부(Ministry of Trade and Industry)이지만, 관리자는 PSA(Port of Singapore Authority) Corporation으로 정부 산하 기관이며 1978년 이후 World

Trade Center도 운영 중이다.

SINGAPORE EXPO 유지에 건설된 전시장이며, 개장은 싱가포르를 독일 프랑크푸르트와 같은 국제 수준의 전시도시로 격상시키려 한 정부전략의 일환 중 하나이다. 싱가포르 정부의 컨벤션센터에 대한 인센티브 제도를 살펴보면 전시회 참가자에게는 TDB소관인 이중세금 공제제도(Double Tax Deduction Scheme)를 마련하였고 싱가포르산(産) 제품 및 서비스 수출기업(국내 조달률 25% 이상)에 대해 同기업의 과세대상 소득에서 해외 무역전시회 및 사절단 참가, 국내 무역전시회 참가 등의 활동으로 발생된 비용의 2배를 공제해 주는 제도가 있다.

싱가포르 원스톱 시스템, 국제회의 유치 절대강자 초석

유관기관-업계 업무제휴 뿌리부터 탄탄 "작은 도시도 매력적으로 만드는 능력 탁월"

국제회의산업의 절대 강자 싱가포르가 회의유치 때 자신들의 '유니크 밸류'로 내세우는 마리나베이샌즈 리조트

그동안 국제회의산업에서 강국은 벨기에, 오스트리아, 스페인 등 유럽에 많았다. 각종 국제기관이나 협회 본부가 있고 국가간 이동이 편한 강점이 있었다. 하지만 요즘은 아시아 국가들이 앞 다투어 이 분야를 집중 육성하면서 국제회의 주최건수에서 상위에 대거 올라 있다. 그 중 절대강자는 단연 싱가포르다. 싱가포르는 국제협회연합(UIA) 조사에서 2012년 960건, 2013년 994건으로 유럽과 미국을 제치고 정상에 올라 있다.

싱가포르가 국제회의 유치에서 독보적인 위치를 차지한 건 '원스톱 시스템'으로 불릴 정도로 유기적인 협조체제 덕분이다. 한국관광공사 박인식 MICE진흥팀 팀장은 "싱가포르는 관광자원이 약해 이를 보완하기 위해 비즈니스 트래블, 즉 MICE산업을 집중 육성했는데 이 과정에서 유관기관 정부 관련업계 간의 업무제휴를 아주 탄탄하게 구축했다"며 "각종 국제기관과 협회의 아시아 지부 유치를 가장 잘하는 나라가 싱가포르다"고 평가했다.

작은 도시국가로 부족한 관광자원, 높은 물가 등의 약점을 커버하는 탁월한 스토리텔링 능력도 싱가포르의 강점. 한국관광공사 오유나 MICE뷰로 컨벤션팀 차장은 "천혜의 관광자원도 없고 특별히 내세울 특산품도 없지만 해변이나 도시 곳곳에 특별한 의미나 역사성을 부여해 회의 참가자들이 꼭 방문하고 싶은 매력적인 지역으로 꾸미는 남다른 능력이 있다"며 "최근에는 새로 지은 마리나베이 샌즈 리조트를 다른 데서는 접할 수 없는 유니크 밸류로 활용하고 있다"고 소개했다.

스포츠 동아, 2014. 08. 22 김재범 전문기자

1. 2013년 UIA(국제회의연합)기준 세계 5대 국제회의 개최국 순서로서 맞는 내용은?

　① 1위 미국, 2위 싱가포르, 3위 한국, 4위 일본, 5위 영국

　② 1위 싱가포르, 2위 벨기에, 3위 일본, 4위 벨기에, 5위 한국

　③ 1위 싱가포르, 2위 한국, 3위 일본, 4위 프랑스, 5위 독일

　④ 1위 싱가포르, 2위 미국, 3위 한국, 4위 일본, 5위 벨기에

2. UIA(국제회의연합)기준 연도별 한국의 국제회의 개최 순위 중 맞는 내용은?

　① 2010년 9위, 2011년 8위, 2012년 6위, 2013년 5위

　② 2010년 8위, 2011년 6위, 2012년 5위, 2013년 3위

　③ 2010년 10위, 2011년 9위, 2012년 7위, 2013년 4위

　④ 2010년 11위, 2011년 7위, 2012년 5위, 2013년 4위

3. 미국 내의 컨벤션산업의 특징으로 틀린 것은?

　① 미국의 컨벤션산업은 다른 나라와 비교하여 규모가 매우 크다.

　② 미국의 컨벤션산업은 Trade Show의 형태가 주를 이룬다.

　③ 미국의 컨벤션산업은 시장에서 차지하는 비율 면에서 비정기적 회의가 정기적
　　 회의보다 비율이 높다.

　④ 미국기업들의 보상관광차원의 해외 컨벤션 개최가 증가하고 있다.

4. 일본 컨벤션산업의 특징으로 틀린 것은?

　① 일본 정부의 강력한 후원으로 진행되고 있다.

　② 전국을 대상으로 하는 컨벤션 연결망을 구성하고 있다.

　③ 컨벤션 시설 면에서는 대규모 시설에 중심으로 운영체계를 갖추고 있다.

　④ 일본 지자체별로 적극적인 해외시장을 개척하고 있다.

5. 싱가포르 컨벤션산업의 특징으로 틀린 것은?

① 중국 화교를 중심으로 관련 컨벤션을 개최하고 있다.

② 도시의 모든 기능이나 시설이 컨벤션산업을 중심으로 형성되어 간다는 점이 있다.

③ 싱가포르의 공식 언어가 영어로써 컨벤션 개최에 유리한 점이 있다.

④ 관광을 컨벤션산업을 뒷받침하는 수단으로 활용하고 있다.

제 3 장

우리나라
컨벤션산업의 현황

1. 우리나라 서비스시장 현황

컨벤션산업은 다분히 복합적인 산업이어서 서비스 산업분야의 거의 모든 부문과 연관성을 갖고 있다고 해도 과언이 아니며, 그 파급효과에 있어서도 거의 서비스산업 전반에 그 영향을 미치고 있는 것이 오늘날의 컨벤션산업이다.

그러면서도 구조상 그 파급효과는 서비스산업만이 아닌 국가의 경제와 정치·사회 모든 분야에 막대한 영향을 끼치고 있다. 따라서 그 효과가 큰 만큼 외국의 경우 이 컨벤션산업의 비중을 일찍이 인식하고 정부와 민간 모두가 적극적으로 산업육성에 모든 노력을 기울이고 있다.

이러한 측면에서 우리나라의 서비스산업의 구조적인 현황과 문제점을 인식하는 것이 컨벤션산업의 현황을 올바로 보는데 필수적이고 중요한 전제조건이 될 것이다. 우리나라의 경제는 최근 전반적으로 부가가치 및 고용구조에 있어서 서비스산업의 비중이 크게 증가하는 이른바 '경제의 서비스화'가 빠르게 진행되고 있다.

그러나 이러한 서비스산업 발전의 구조에는 서비스산업의 역할이나 구성내용 등이 불균형을 이루는 문제점을 갖고 있는 것이 현실이다. 특히 이러한 문제점은 그동안 우리나라가 모든 경제발전의 우선권을 제조업 중심에 두었기 때문으로 볼 수 있다.

더구나 일반적인 경제학 측면에서도 그동안 서비스산업을 제조부분의 경쟁력을 저하시키는 비생산적인 부문으로 인식하고 있었다. 그러나 이제는 제조업의 경쟁력만을 가지고 한국의 산업경쟁력을 측정할 수는 없다. 실질적인 예로 우루과이라운드와 같은 경제전반에 미치는 영향이 매우 심각한 협상이 바로 서비스 협상이었다는 점을 생각해보면 그 비중을 보다 더 현실적으로 이해할 수 있을 것이다. 따라서 이제 서비스산업의 국제화는 곧 한 국가의 대외경쟁력을 가늠하는 핵심적인 요소가 되었다.

최근 서비스교역의 규모는 급속도로 급증하는 추세이며, 우리나라의 경우도 최근 들어 경제의 선진국화에 따른 상품교역의 증가와 더불어 서비스산업의 교역 또한 빠른 속도로 증가하고 있다. 컨벤션산업의 영역은 단순히 컨벤션이나 전시회와 같은 직접적인 산업분야만이 아닌 다른 서비스산업분야의 거의 모든 부분에 영향을 끼치고 있음으로 컨벤션산업이 갖는 서비스산업 내의 영향력은 매우 크다고 볼 수 있다.

2. 우리나라 컨벤션산업 환경 분석

〈표 3-1〉 국내 컨벤션 개최 현황(UIA)

년 도	2002	2003	2004	2005	2006	2007	2008	2009	2010	2011	2012	2013
개최 건수	123	160	140	206	243	268	293	347	464	469	563	635
세계 순위	18	26	21	16	16	15	12	11	8	6	5	3
아시아 순위	4	4	4	4	3	3	3	3	3	3	3	2

자료 : 국제협회연합 「UIA 보고서」.

지난 10년간 전 세계에서 개최된 국제회의 추세를 살펴보면 매년 꾸준한 증가세를 보이고 있다. 정부에서는 2009년 MICE산업을 한국의 미래를 이끌 17대 신성장 동력산업으로 선정하여 집중 육성하기로 결정한 바 있다.

각 분야에 걸친 국제화 추진에 힘입어 국제회의의 개최국으로 점차 부상하고 있으며, 특히 2000 ASEM개최, 2001 세계관광기구(WTO)총회, 2002년 한일월드컵 축구 및 부산아시안게임, 2004 PATA제주총회, 2005 APEC 정상회담, 2010 G20 정상회의, 2012 핵안보정상회의, 2013 세계에너지총회 등 대규모 국제대회를 성공적으로 개최함으로써 그 능력을 국제사회에서 인정받게 되었으며, 2015 월드모의유엔회의, 2018 세계기생충학회총회, 2021 세계가스총회 등 대형 국제회의가 연이어 유치되어 활기를 띠고 있다.

우리나라 주요 컨벤션센터로는 서울 삼성동 코엑스(COEX)와 대치동 서울 무역전시장(SETEC), 서울여의도종합전시장을 비롯해 2001년 오픈한 부산전시컨벤션센터(BEXCO), 대구전시컨벤션센터(EXCO Daegu) 등을 꼽을 수 있다. 그리고 최근에 고양의 KINTEX, 창원CECO, 광주에서도 김대중 컨벤션센터가 오픈되었다.

1979년 우리라 최초 종합전시장으로 탄생한 코엑스는 태평양홀, 대서양홀, 인도양홀 등 3개관을 포함해 총 8,695평(2만 746m²)의 전시 공간을 확보하고 있다. 아셈컨벤션센터가 정식으로 개관하면서 51개 회의실(2,484평)과 컨벤션홀(2,203평), 그랜드볼룸(550평) 등을 확충해 대규모 국제회의를 진행하는 데 전혀 손색이 없다.

〈표 3-2〉 우리나라 컨벤션센터 현황

No.	Convention Center	개관년도	전시장 총 면적(m²)	회의장 총 면적(m²)	Max Capacity (Theater type)
1	COEX	1988	35,287	11,573	4,470
2	BEXCO	2001	46,380	12,662	9,822
3	ICCjeju	2003	2,395	7,845	4,300
4	aT Center	2002	7,422	1,075	680
5	SETEC	1999	7,948	963	576
6	KINTEX	2005	108,556	13,303	6,756
7	Songdo ConvensiA	2008	8,416	2,304	2,172
8	EXCO	2001	23,000	12,697	7,900
9	DCC	2008	2,520	4,862	2,857
10	Kimdaejung Convention Center	2005	9,072	6,526	4,960
11	CECO	2005	7,827	2,786	3,070
12	GUMICO	2010	3,402	953	800
13	GSCO(군산새만금컨벤션센터)	2014	8,951	3340	2,000
14	HICO(화백컨벤션센터)	2015	6,273	12,927	3,420

자료 : 한국관광공사 자료 및 각 컨벤션센터 홈페이지 참조.

2000년에 대회의장 7,000석 및 전시장 36,027m² 규모인 대구 전시컨벤션센터(EXCO)와 대회의장 2,800석 및 전시장 26,446m² 규모인 부산전시컨벤션센터(BEXCO)가 개관하였다. 이와 함께 2003년에는 제주도에 대회의장 4,300석과 전시장 2,586m²의 수용 능력을 가진 제주 국제 컨벤션센터(ICC)가 완공되었으며, 2004년에는 고양에 KINTEX, 창원 전시컨벤션센터(CECO), 그리고 2005년에는 광주에 김대중 컨벤션센터가 오픈되었으며, 이후 대전컨벤션센터(DCC), 군산새만금컨벤션센터(GSCO) 개관하였으며, 2015년 연초에 경주화백컨벤션센터(HICO)가 개관할 예정이다.

이러한 전문 국제회의시설이 개관되기 전에는 모든 국제회의가 대회의장을 보유한 특급호텔을 중심으로 개최되었으나, 컨벤션산업에 대한 국내 관심이 증대하고 주요 도시에 컨벤션센터가 건립되고 있으며, 인천 신공항 개항 및 고속철도 개통 등 관련시설이 확충되고 있을 뿐만 아니라, 2001년 한국방문의 해 및 2002년 월드컵 축구대회, 2018년 평창동계올림픽 등 대형 국제행사 개최가 증가하면서 21세기를 맞아 우리나라가 컨벤션 개최지로 부각될 수 있는 새로운 기회를 맞이하고 있다.

우리나라 컨벤션산업 관련기관의 현황은 다음과 같다.

1) 문화체육관광부

컨벤션산업과 관련된 업무는 관광국 국제관광과에서 담당하고 있으며 주로 컨벤션 유치·조정 및 운영에 관한 사항과 컨벤션 용역업의 등록 및 지도·감독에 관한 사항, 외국인 단체관광객의 관광행사에 관한 사항, 관광객유치를 위한 홍보활동 등이 있다.

관광국 국민관광과의 관광호텔 등급평점업무가 컨벤션시설과 일부 관련이 있는데, 관광호텔업의 등급결정요령에 의하면 컨벤션센터 시설을 갖춘 호텔이 상대적으로 높은 평점을 받게 되어 있다. 하지만 대부분의 관광호텔에 부속된 회의시설은 소규모이거나 실제 시설이용도 연회 목적이 대부분이다.

2) 컨벤션뷰로(CVB)

정부에서 국제회의 육성을 위하여 정책적으로 지원 법률에 따른 국제회의 도시 지정과 회의전담기구의 설치를 독려하면서 각 지역에 컨벤션뷰로를 설립하였으며, 한국관광공사 MICE Bureau를 중심으로 11개의 지역 CVB가 있다.

컨벤션뷰로(CVB)는 각 자치단체의 비영리기구로서 어떤 주최 측으로부터 회의나 컨벤션, 박람회에 관한 자문을 의뢰 받을 경우 자신의 도시로 컨벤션을 유치하기 위해 자신의 도시와 관련된 컨벤션시설, 호텔, 도급업자 등 전반적인 정보를 제공하고 유치 마케팅을 하는 기구이다.

지역 CVB의 유형 및 운영은 지자체에 따라 상이하며, 주 역할은 크게 유치지원과 개최지원으로 나누어서 다음과 같이 진행하고 있다.

유치지원의 주 업무는 국제회의 유치절차관련 자문, 유치제안서 컨설팅, 마케팅 활동 등 국제회의 유치에 대한 전반적인 업무부터 유치지원금 지원, 홍보 보조금 지원 등 예산지원을 통해 국제회의 유치를 지원하고 있다.

개최지원의 경우 국제회의 홍보지원, 시설, 숙박 및 교통 예약 또는 정보제공, 관광정보 제공 등 국제회의 개최 시 주최자들에게 실제 필요한 부분에 대한 지원 활동을 실행 중에 있다.

4) 대한무역진흥공사(KOTRA)

대한무역진흥공사는 무역관련 박람회·전시회의 개최 및 참가 알선, 수출 진흥을 위한 해외시장의 조사, 개척 출입 거래의 알선 등을 주요 업무로 하고 있으며, 대부분 통상정책의 수립과 집행에 필요로 하는 홍보, 자료집 및 전시회 개최에 주력하고 있다.

5) PCO(Professional Convention/Congress Organizer) 업체

PCO의 주요 업무로는 컨벤션 구성에 관한 전반적인 책임, 주최측 및 참가자와의 연락관계 유지, 주요 위원회 회의의 준비 및 참가, 회의장 및 서비스 공간의 준비 및 참가, 컨벤션관련 우편작업, 참가자 등록업무, 호텔예약업무, 사교행사에 관한 행정사항 처리업무, 각종 문서의 준비, 전시장 및 전시회 참가자와의 연결관계, 기술부문 행사의 협조, 홍보업무, 정식인원 및 임시 고용원에 대한 통제,

회계업무 등이다.

법률적으로는 1986년 관광진흥법상 관광산업으로 포함되었으며, 현재 관광진흥법 제3조(2012.5.14 개정)에 의하면, 대규모 관광수요를 유발하는 국제회의(세미나/토론회/전시회 등을 포함한다)를 개최할 수 있는 시설을 설치하여 운영하는 국제회의 시설업과 더불어 대규모 관광 수요를 유발하는 국제회의의 계획/준비/진행 등의 업무를 위탁 받아 대행하는 국제회의기획업으로 규정되고 있다. 2013년 10월 현재 국내의 국제회의기획업체는 서울 294개, 지방 87개, 총 381개로 이 숫자는 매년 증가추세에 있다.[1]

---

1) 대한민국 국제회의기획업 총람, 2013 PCO 협회.

세계 최고의 행사 개최 국가는 어디일까?

마이스(MICE)는 회의(Meeting), 포상관광(Incentive Travel), 컨벤션(Convention), 전시회(Exhibition)의 알파벳 첫 글자를 조합한 단어다.

마이스 산업은 '굴뚝 없는 공장'이라 불리는 관광업의 진면목을 드러낸다.

수많은 사람이 모이는 행사를 치르려면 널찍한 공간이 필요하고, 그들의 숙식을 책임질 호텔과 식당도 갖춰야 하기 때문이다. 또 잘 정비된 치안과 교통 체계도 뒷받침되어야 마이스 산업을 부흥시킬 수 있다.

국내에서는 대부분의 지방자치단체들이 마이스 산업 육성에 관심을 기울이면서 컨벤션 시설을 건립하고, 산업 발전을 위한 정책을 내놓고 있다.

우리나라의 마이스 산업 가운데 '포상관광' 부문은 이미 상당한 성과를 낳고 있다는 평가를 받는다. 중국 기업체들이 한국으로 직원 수천 명을 보내는 사례가 심심찮게 보도되고 있다.

하지만 마이스 산업 중에서 가장 각광받는 부문은 각국 사람들이 결집해 정보를 교환하고 행사를 갖는 컨벤션, 즉 국제회의다. 국제회의의 개최 실적은 마이스 산업의 경쟁력을 말해주는 지표로 볼 수 있다.

지난 5월 국제컨벤션협회(ICCA)는 2013년에 펼쳐진 국제회의를 토대로 국가별, 도시별 순위

도시별 행사 개최 횟수		국가별 행사 개최 횟수	
시드니	93	스위스	205
스톡홀름	93	벨기에	214
방콕	93	터키	221
로마	99	아르헨티나	223
베이징	105	호주	231
부다페스트	106	스웨덴	238
코펜하겐	109	오스트리아	244
브뤼셀	111	포르투갈	249
부에노스아이레스	113	대한민국	260
더블린	114	캐나다	290
암스테르담	120	네덜란드	302
프라하	121	브라질	315
리스본	125	중국	340
서울	125	일본	342
이스탄불	146	이탈리아	447
런던	166	영국	525
싱가포르	175	프랑스	527
베를린	178	스페인	562
바르셀로나	179	독일	722
빈	182	미국	829
마드리드	186		
파리	204		

출처 : 국제컨벤션협회(ICCA)

를 발표했다. ICCA는 학회나 협회, 기관이 주최하는 행사 중 3개국 이상을 돌며 이루어지는, 50명 이상이 참가하는 행사를 국제회의로 규정한다.

지난해 국제회의를 가장 많이 유치한 나라는 경제 대국인 미국이었다. 뒤를 이어 독일, 스페인, 프랑스, 영국, 이탈리아 등 유럽 국가가 2~6위에 올랐고, 일본은 7위를 차지했다.

대한민국은 지난해 국제회의 260건을 개최해 12위에 자리했다. 국내총생산(GDP) 기준으로 2012년의 경제 규모 15위에 비해 다소 높은 편이었다. 한국보다 경제 규모가 작으면서도 더 많은 국제회의를 치른 나라는 네덜란드뿐이었다.

도시별 순위를 들여다보면 서울은 국제회의 125건을 개최해 포르투갈 리스본과 함께 공동 9위에 올랐다.

세계 최고의 컨벤션 도시는 프랑스 파리였고, 스페인 마드리드와 오스트리아 빈이 3위권을 형성했다. 아시아에서는 싱가포르가 6위로 가장 높았다.

한편 또 다른 컨벤션 국제기구인 국제협회연합(UIA)도 지난 6월 2013년 국제회의 개최 도시 순위를 일부 공개했다.

이에 따르면 서울과 부산은 각각 271건, 166건의 국제회의를 유치해 4위와 9위를 차지했다. 서울보다 순위가 높은 도시는 싱가포르, 브뤼셀, 빈이었다. 10위 내에는 도쿄, 바르셀로나, 마드리드, 파리, 런던 등이 포함되었다.

연합뉴스/박상현 기자, 2014.8.21

세계지식포럼 노하우 올해 미얀마에 수출

인터컴, 국제회의 경험살려 아세안정상회의 지원

세계지식포럼을 통해 쌓인 국제회의 경험과 노하우가 수출되고 있다.

한국국제협력단(KOICA)과 국내 PCO(콘퍼런스 주관업체) 인터컴은 올해 초부터 1년간 미얀마 공무원 등을 대상으로 행사 준비 지원과 자문을 실시하고 있다고 20일 밝혔다.

우리 정부가 미얀마를 대상으로 실시하는 공적원조(ODA) 사업의 일환이다.

올해 ASEAN 순회의장국을 맡은 미얀마가 정상회의를 비롯한 각종 국제회의를 진행하는 과정에 한국 국제회의 노하우를 지원하는 것.

이번 '미얀마 컨벤션 운영 역량강화 사업'을 맡은 인터컴은 2000년 이후 세계지식포럼 운영을 지원해온 기업이다.

최태영 인터컴 사장은 "세계지식포럼, G20 정상회의, 핵안보정상회의 등을 통해 높아진 한국 컨벤션 문화를 해외에 알릴 수 있게 된 사례"라고 설명했다. 최 사장은 이어 "국제회의 노하우를 수출하는 발판이 마련된 것"이라고 평가했다. 인터컴은 세계지식포럼 행사 진행을 담당해왔다. KOICA가 인터컴을 미얀마 공적원조 업체로 지정한 데는 대한민국을 대표하는 국제 콘퍼런스인 세계지식포럼을 담당하는 기업이라는 점이 한 몫을 했다.

구체적으로 인터컴에서는 미얀마에 국제회의 준비와 운영을 위한 전문가를 파견해 교육하고 실제 행사 진행을 돕고 있다.

이 회사 임현주 부장은 올해 초부터 5개월째 미얀마에서 현지 관계자들과 호흡을 맞춰가며 노하우를 전하고 있다.

미얀마 관계자들을 한국으로 초청해 교육도 실시하고 있다. 지난 3월 미얀마 정부 공무원 등 총 38명이 한국 컨벤션 사업 현장을 둘러봤다. 4월에는 인터컴 직원 8명이 미얀마 현지를 찾아 4주 일정으로 현지 교육을 진행하기도 했다.

5월까지 행사 관련 기본교육은 마무리되었고, 남은 기간에는 실제 행사 때마다 미얀마에서 운영을 지원할 예정이다.

인터컴 콘퍼런스 지식 수출은 올해 말까지 1년간 이루어진다.

정상급 회의는 각국 정부와 의전, 행사 진행방식 조율 등 과정이 복잡해 인력 운용은 물론 IT시스템 구축 등이 매우 까다롭다. 그만큼 콘퍼런스 노하우 수출은 관련 IT시스템은 물론 각종 유관 서비스업체 동반 진출로 이어질 수 있을 것이라는 전망이 가능하다.

매일경제, 2014.05.20

'창조경제의 꽃' 경주 마이스 산업, 아시아를 넘어 세계로

글로벌 관광도시 신성장 동력 '경주하이코' ─ 방폐장유치 지원사업 일환, 1천 200억 투입 연말 준공, 보문단지 새 랜드마크 부상, 인근 관광자원 연계 차별화, 물포럼 등 세미나 잇단 유치, 수천억원대 경제파급 기대

회의(Meeting)·포상관광(Incentives)·컨벤션(Convention)·전시회(Exhibition)의 머리 글자를 딴 마이스 산업(MICE).

마이스 산업은 국가적 차원의 종합서비스산업으로 발전시키기 위해 폭넓게 정의한 전시·컨벤션산업을 일컫는다.

초대형 박람회를 개최하는 일부터 국가 정상회의와 각종 국제회의 개최, 상품·지식·정보 등의 교류 모임 유치, 각종 이벤트 및 전시회 개최 등이 모두 마이스 산업에 포함된다. 마이스 산업은 관련 방문객들의 규모가 크고, 방문객 1인당 지출이 일반 관광객보다 훨씬 크기 때문에 새로운 산업 분야로 주목받고 있다. 마이스 산업은 2009년 1월 우리나라 신성장동력 산업 중 하나로 선정되기도 했다. 이러한 가운데 우리나라 최고 관광지인 경주 보문단지 내에 올해 말 준공을 목표로 경주화백컨벤션센터(HICO)가 건립되고 있다. 현재 우리나라 9개 도시에서 12개의 컨벤션센터가 운영되고 있는 가운데 경주하이코만의 차별화된 강점은 무엇이며, 지역발전과 경제 파급에 미치는 영향에 대해 알아본다.

경주하이코 3층 대회의장 전경

△ 경주하이코(HICO) 건립배경과 운영 방안은?

경주하이코는 한국수력원자력(주)이 중·저준위 방폐장유치지역 지원사업의 일환으로 1,200억 원의 사업비를 투입해 지난 2012년 11월 보문관광단지 내 신평동 182번지 일원에서 건립을 위한 착공식을 가졌다.

경주하이코는 42,774m²의 부지에 지하 1층 지상4층 연면적 31,307m² 규모로, 3,424석 규모의 대회의실과 700석 규모의 중·소회의실 12실, 2,279m² 면적의 전시시설 및 레스토랑, 사무실 등의 부대편의시설을 갖추게 된다.

현재 70%의 공정율을 보이고 있는 하이코는 올 연말 준공과 함께 경주시에 기부채납되면 경주 최대의 건물로 위용을 드러내면서 보문관광단지의 새로운 랜드마크로 자리잡게 된다.

경주하이코 1층 로비 내부 투시도

그동안 경주시와 한수원은 컨벤션산업이 전·후방 효과가 큰 산업으로 관련산업 발전을 통한 경제적 파급효과뿐 아니라 문화관광도시 경주를 세계로 알리는 첨병역할을 담당할 것으로 기대하고 철저한 시공을 위해 많은 노력을 기울여왔다.

개관 이후 컨벤션센터의 경영수익을 높이고자 지하 1층에 1천,300m² 정도의 상업시설을 확충하고 회의실 등 관련시설이 사용자의 편의성을 증대할 수 있도록 시공하고 있다.

특히 참가자들이 회의, 숙박, 만찬, 관광 등 모든 서비스가 원활히 이루어지도록 주변 시설과의 연계성을 시공단계부터 철저히 고려하고 있다.

그동안 경주시는 내년 2월 하이코 개관 이후 성공적인 운영을 위해 지난해 10월 (사)경주컨벤션뷰로(본부장 김비태)를 설립하고 컨벤션 유치에 최선을 다해 짧은 기간 많은 성과를 이루어냈다.

이미 확정된 내년 4월 세계물포럼을 비롯해 MicroTAS 2015, 2015 대한민국 마이스연례회의, 2015 대한통증학회 춘계학술대회 등을 유치했다.

특히 현재 20여개 국제회의를 유치 추진 중에 있으며, 긍정적인 답변을 얻고 있어 2015년 개관 이후 하이코의 운영을 밝게 하고 있다.

이와 함께 경주시는 지난 6월 시청 영상회의실에서 경주하이코 운영법인인 재단법인 경주화백컨벤션센터 창립총회를 가졌다.

지난 4월 재단법인 설립과 운영을 위한 조례를 제정해 법인설립의 근거를 마련한 경주시는 창립총회를 통해 법인 운영의 근간이 될 정관을 정했다.

총회에서는 최양식 시장을 이사장으로 하고 김은호 상공회의소 회장, 조남립 경북관광협회 회장, 신성용 경주호텔협의회 회장, 이동우 문화엑스포 사무총장 등 각계 주요 인사를 이사로 하는 임원진을 구성했다.

경주하이코가 개관되면 경주시는 글로벌 컨벤션센터를 보유한 세계적인 도시로 발돋움할 뿐만 아니라 관광산업의 세계 중심지로 우뚝 서게 될 것으로 기대된다.

△ 경주하이코(HICO)의 경쟁력과 지역경제 파급효과는?

경주하이코가 다른 지역에 비해 차별화된 강점은 천년고도 역사성을 바탕으로 역사·문화자원을 활용한 경쟁력 강화에 있다.

이와 함께 보문단지, 감포관광단지 등 기존 관광인프라와 4,467실 규모의 숙박 수용력 강점을 적극 활용한 차별화된 전략 모색이 가능하다는 점이다.

즉 경주하이코는 관광특구인 보문단지의 중심에 위치하고 있어 주변의 아름다운 풍광을 즐길 수 있고, 역사문화유적을 탐방할 수 있으며, 특급호텔 등 편리한 숙박시설과 신라밀레니엄파크, 동궁원, 엑스포공원 등이 국제회의에 걸맞는 연회, 만찬장소로 제공될 수 있는 차별화된 장점을 갖고 있기 때문.

내년 초 개관과 함께 대규모 국제회의뿐만 아니라 학회회의, 세미나, 각종 전시회, 공연 등 다양한 행사를 개최함으로써 경주에 마이스 산업이라는 새로운 산업을 창출해 지역발전에 크게 기여할 것으로 보인다.

또한 국제회의를 통해 세계인이 경주로 몰려와 경주의 역사와 문화를 자연스럽게 세계에 알림으로써 진정한 글로벌 도시로 거듭날 수 있는 계기가 될 것이다.

세계 국제회의 산업은 최근 10년간 평균 60%이상 증가 추세로 아시아지역 평균 145%, 한국은 평균 300% 이상 성장세로 향후 국제회의 산업의 성장세가 지속될 것으로 기대된다.

경주하이코는 국내 개최 건수의 5%를 점유한다고 보아도 30여건의 국제회의 유치가 가능하며, 새롭게 개척하는 부분까지 고려하면 한 해 국제회의 50건 이상의 개최도 가능할 것으로 보고 있다.

국제회의는 최소 2일 이상 개최되며, 국내회의 부분도 고려하면 가동률 50% 이상은 어렵지 않게 달성될 수 있다는 얘기다.

화백컨벤션센터의 수입원은 크게 회의실 사용료 수입, 전시장 사용료 수입, 케이터링(식음료사업), 부대시설 수익으로 나눌 수 있다.

경주시는 가동률을 기준으로 볼 때 가동률 30%시 약 20억 원의 수입이 예상되고, 가동률 50%일 때 약 30억 원의 수입이 예상되므로, 모두가 힘을 합친다면 가동률 60% 이상도 가능하며, 흑자경영도 충분히 가능할 것이라 보고 있다.

컨벤션센터는 센터운영의 수익만으론 설명할 수 없는 것이 또 다른 특성이다.

그것은 컨벤션 유치로 인한 지역경제 파급효과가 엄청나기 때문이다.

이 부분은 수많은 분석 자료가 이를 증명하고 있을 뿐만 아니라 세계 각국이 천문학적인 투자로 컨벤션센터를 건립하고 컨벤션복합단지를 조성하고 있는 것을 보면 알 수 있다.

한국전시산업진흥회의 2011년도 컨벤션센터의 지역경제 파급효과에 대한 분석 자료를 보면 부산의 경우 생산파급효과 6,607억 원, 고용효과 9,200명으로 나와 있으며, 대구는 생산파급효과 4,931억 원, 고용효과 7,850명으로 분석되고 있다.

대구가 2011년 대규모 증축공사를 마쳤으며, 광주가 김대중 컨벤션센터 2센터를 2013년 준공한 것을 비롯해 대부분의 국내컨벤션센터는 증축을 하고 있다.

현재 적자를 보고 있는 대전이 1,800억 원 규모의 전시컨벤션센터의 증축을 추진하고 있는 것을 보면 지역경제에 미치는 컨벤션센터의 효과를 단적으로 증명하고 있다.

(사)경주컨벤션뷰로 김비태 본부장은 "세느강변에 누워 책을 읽는 사람이 파리를 세계적인 관광지로 만들고 있다는 말처럼 경주하이코 잔디밭에 사람들이 한가롭게 누워 책을 읽는다면 그때서야 경주에 관광만 하러 오는 것이 아니라 '관광사업'에 투자하러 달려 올 것이다"며 경주하이코의 성공을 내다봤다.

경북일보 : 황기환 기자, 2014-08-29

3박4일 다보스포럼 개최로 스위스가 벌어들이는 비용은?

미국 CNN과 세계경제포럼(WEF) 홈페이지에 따르면 다보스포럼은 스위스 경제에 4,500만 달러(약 477억원)의 경제효과를 가져다준다.

지난 1971년 처음으로 다보스포럼 전신인 유럽 경영자포럼 연례회의가 열렸을 때는 500여명이 참가해 14일간 열렸으나, 올해는 공식참가 인원이 2500명이며 3박4일간 열린다.

기업 회원이 다보스 포럼에 참석하려면 평균 참가비가 4만 달러(약 4,200만원)에 달한다. 포럼 참가비가 2만 달러가량이며, 여기에 항공료와 호텔비, 식대 등이 포함된 가격이다.

다보스포럼의 의제를 설정하는 데 참가하는 전략적 파트너의 경우 50만 달러(약 5억 3,000만원) 이상을 내야 한다. 미국의 뱅크 오브 아메리카, 골드만삭스, JP모건, 시티그룹, 모건 스탠리 등이 전략적 파트너에 포함되었다.

다보스포럼에 참가하는 대부분 사람은 흰색 배지를 달게 되지만 가장 특별한 배지는 그 위에 홀로그래피 이미지가 새겨져 있다. 이 배지를 하고 있으면 세계 경제 지도자들의 비공식 모임에도 참가할 수 있다.

다보스포럼이 열리는 기간에는 전면 교통통제가 시행되는 바람에 이산화탄소 방출량이 평소보다 30% 이상 떨어지는 것으로 조사되었다.

다보스는 독일의 소설가 토마스 만이 쓴 '마의 산'이라는 작품의 주요 무대였고, 영국의 소설가이자 시인인 로버트 루이스 스티븐슨이 지난 1881년과 1882년에 소설 '보물섬'의 마지막 7장(章)을 완성한 곳이다. 또한 독일 표현주의의 선구자인 화가 에른스트 루드비히 키르히너가 1918년부터 1938년 숨을 거두기까지 살았던 곳이기도 하다.

다보스포럼에 참가하는 사람들의 평균 나이는 남성이 52세, 여성이 49세이다. 여성 비율은 전체의 15% 수준이다. 가장 나이 많은 참석자는 시몬 페레스 이스라엘 대통령으로 90세이다. 가장 어린 참가자는 파키스탄 이슬라마바드에서 바히라 메딕스라는 회사와 사회복지기구를 운영하는 안와르 자한기르(21) CEO이다.

헤럴드경제, 강승연 기자, 2014.1.21

서울시, 관광산업 핵심 '마이스' 전문인력 700명 키운다

UIA 기준 한국 국제회의 개최 건수 및 순위

자료=한국관광공사

서울시가 마이스(MICE) 전문인력 양성에 나선다. 2018년까지 실무능력을 갖춘 마이스 전문인력을 700명 정도 양성한다는 계획이다. 서울시는 이를 위해 '서울 MICE 전문인력양성 과정'을 개설하고 오는 18일까지 50명을 우선 선발해 무료 교육을 실시한다.

'마이스(MICE)'란 회의(Meeting)·포상(Incentive Travel)·컨벤션(Convention)·전시(Exhibition)의 알파벳을 딴 신조어로 대규모 관광객 유치를 뜻한다. 요즘 한국 여행 산업의 새 돌파구가 되고 있는 만큼 기업 입장에서는 이 실무를 할 수 있는 전문인력이 절실한 상황이다.

매년 국가별 세계국제회의 개최횟수를 집계하는 국제협회연합(UIA)에 따르면 한국은 2013년에 635건의 국제회의를 개최해 싱가포르와 미국에 이어 세계 3위에 올랐다. 도시별로는 싱가포르, 브뤼셀, 빈에 이어 서울이 4위, 부산이 9위다. 올해는 1,000명 이상이 참여한 국제회의만 상반기에 7건, 하반기에 8건을 개최한다. 2003년 대비 국제회의 유치 건수가 583% 증가한 것으로 단기간에 급성장하고 있다.

포상 단체도 올해 암웨이 등 중화권 5개 단체와 유니시티 등 태국 2개 단체를 유치해 총 34,000여명이 다녀갔다.

마이스 산업에서 종사하고 있는 전문인력의 규모는 현재 정확한 집계조차 없는 상황이다. 한국관광공사에서 조사한 '2012 MICE 산업통계연구'에 따르면 국제회의기획업의 경우 237개 업체 5000여명, 국제회의기획업의 경우 31개 업체 700여명, 국제회의시설업은 7개 업체 300여명 정도로 총 6000여명이 이 분야에서 일하는 것으로 추산된다.

서울시가 이번에 처음 개설한 '서울 MICE 전문인력양성 과정'은 실무능력 향상에 초점을 맞춰

'서울 MICE 실무교육' 과정과 실습과정(2개월)인 '서울 MICE 취업지원' 과정으로 구성했다.

선발된 교육생들은 전원 8월 6일부터 22일까지 컨벤션 기획·운영, 마이스 등록 및 숙박 업무 프로세스, 행사 유치 마케팅 등 '서울 MICE 실무교육'을 받는다.

실습과정은 실무교육 이수자 중 15명에게만 주어진다. 여행사, 호텔 등 서울 소재 마이스업체가 직접 우수 교육생을 선발해 두 달간 유급으로 실무를 경험하는 기회도 준다. 교육이 끝난 후 정규 채용도 가능하다.

교육 대상은 모집 공고일 현재 서울시에 주민등록이 되어 있는 만 18세 이상 35세 미만의 미취업자이다. 관광·마이스 관련학과 전공자나 서울컨벤션서포터즈 회원은 선발 시 우대한다.

머니투데이 김유경 기자, 2014.07.10

3. 우리나라 컨벤션산업의 전망

회의 발전이라는 목표를 달성하기 위하여 국제사회가 더욱 바빠질 것이며 이로 인한 컨벤션의 개최가 더욱 번해질 것이다. 특히 경제활동과 국제화의 중요한 요소인 정보의 교류와 기술의 습득을 위한 노력이 배가되는 시점에서 급변하는 세계정보에 뒤지지 않기 위해 국내단체와 기구가 가입하는 국제기구의 수는 증가될 것이며 참가자의 수도 증가할 것으로 전망된다.

우리나라도 국제기구에 가입한 국내 단체의 수가 지속적으로 증가하고 있으며, 국제기구 본부 유치에 따른 컨벤션의 국내개최도 증가할 것으로 보이며 이로 인해 관련업계와 컨벤션산업은 더욱 성장해 나갈 것으로 보인다. 특히 2000년의 ASEM회의 이후, 2005년 APEC, 2011년 G20 정상회담, 2012년 핵안보정상회의, 2012년 세계자연보전총회 등을 성공적으로 개최하며 그 발전 속도는 가속화되었다.

이러한 대형 컨벤션 개최는 국내의 컨벤션산업에 미치는 긍정적인 효과는 실로 엄청난 것이어서 그 전망을 매우 밝게 해주고 있다.

인천시 '컨벤션·전시' 중심 국제도시 전략 수립

송도컨벤시아 2단계 건립·영종도 복합리조트 마이스시설 확충

인천시가 비즈니스 관광을 일컫는 '마이스'(MICE) 산업의 중심 도시로 도약하기 위한 전략을 수립했다.

마이스(MICE) 산업이란 회의(Meeting), 포상관광(Incentive Travel), 컨벤션(Convention), 전시(Exhibition)의 약어로 비즈니스 관광을 총칭하는 고부가 가치 산업이다.

인천시는 녹색기후기금(GCF) 등 인천에 입주한 13개 국제기구와 연계, 마이스 산업을 전략적으로 육성하기 위한 '인천시 마이스 산업 육성 기본계획'을 세웠다고 25일 밝혔다.

기본계획은 지역특화산업과 마이스 산업 연계, 마이스 인프라 고도화, 마이스 도시 인천 브랜드 구축, 인천 마이스 산업기반 강화 등 4대 핵심전략을 중심으로 마련되었다.

또 송도컨벤시아 2단계 건립 추진, 영종도 복합리조트 마이스시설 확충, 마이스 전문인력 양성 등 16대 추진과제도 설정했다.

시는 지난 1월에는 마이스 산업 육성에 관한 조례를 제정하고 2월에는 국제협력관실에 마이스 전략팀을 신설, 마이스 산업 활성화를 위한 업무를 체계적으로 진행하고 있다.

2012년부터는 수도권 유일의 마이스 분야 채용박람회도 개최, 마이스 전문인력 양성에 이바지하고 있다.

시는 2020년에는 컨벤션 국제기구인 국제협회연합(UIA) 기준 국제회의를 50건 이상 유치, 아시아 톱 10과 세계 30위권에 진입한다는 장기 목표도 세웠다.

변주영 시 국제협력관은 "인천은 공항·항만을 보유해 외국 관광객의 접근성이 뛰어난데다 컨벤션 시설인 송도컨벤시아를 중심으로 특급 호텔들이 즐비해 마이스 특화도시로서의 요건을 이미 충분히 갖추고 있다"며 "정부·경제청·도시공사 등 관계기관과 협의해 인천을 세계 속의 마이스 중심 도시로 만들 것"이라고 밝혔다.

연합뉴스, 강종구 기자, 2014-09-25

1. UIA(국제회의연합)기준 한국의 연도별 개최 건수가 맞는 것은?

　① 2010년 456건, 2011년 467건, 2012년 553건, 2013년 635건

　② 2010년 465건, 2011년 470건, 2012년 566건, 2013년 635건

　③ 2010년 464건, 2011년 469건, 2012년 563건, 2013년 635건

　④ 2010년 466건, 2011년 468건, 2012년 555건, 2013년 635건

2. 한국에서 개최된 대형 국제회의로 맞는 것은?

　① 2000년 ASEM, 2005년 APEC, 2010년 G20 정상회의, 2014년 세계가스총회

　② 2000년 ASEM, 2008년 세계기생충학회총회, 2010년 G20 정상회의, 2012년
　　핵안보정상회의

　③ 2000년 ASEM, 2005년 세계관광기구(WTO)총회, 2010년 G20 정상회의,
　　2012년 핵안보정상회의

　④ 2000년 ASEM, 2005년 APEC, 2010년 G20 정상회의, 2012년 핵안보정상회의

3. 컨벤션센터가 있는 도시와 컨벤션센터 명칭이 일치되지 않는 것은?

　① 부산 – BEXCO

　② 대구 – EXCO

　③ 고양 – GINTEX

　④ 창원 – CECO

4. 다음 중 우리나라의 컨벤션산업 관련기관으로 맞는 것은?

　① 문화체육관광부, 컨벤션뷰로, PCO업체, KORES

　② 문화체육관광부, 컨벤션뷰로, PCO업체, KOTRA

　③ 문화재청, 컨벤션뷰로, PCO업체, KOTRA

　④ 문화체육관광부, 콘텐츠진흥원, PCO업체, KOTRA

5. 다음 중 컨벤션뷰로(CVB)의 설명 중 틀린 것은?

① 주요 역할은 크게 컨벤션 유치지원과 개최지원으로 나누어져 있다.

② 컨벤션 유치지원의 주 업무는 국제회의 유치절차관련 자문, 유치제안서 컨설팅, 마케팅 활동 등이 있다.

③ 컨벤션을 유치하기 위한 해당 지자체의 전반적인 정보를 제공하고 유치 마케팅을 하는 기구이다.

④ 컨벤션뷰로(CVB)는 각 자치단체의 영리기구이다.

Part 3

컨벤션 공급과 기획요소 및 구성

제4장 컨벤션 공급

제5장 컨벤션 기획요소 및 구성

컨벤션 공급

1. 컨벤션 개최지

1) 개최장소로서의 요건[1]

컨벤션의 공급이란 결국 컨벤션을 개최하려는 수요를 충족시키는 대상들을 말한다. 컨벤션 개최를 위한 개최의 특성, 컨벤션시설, 컨벤션 유치노력 정도 등이 중요한 요건이 된다.

요컨대 컨벤션 개최지는 다음과 같은 조건을 갖추어야 할 것이다.

① 참가자들의 집합이 용이한 곳이어야 한다.

② 숙박시설이 충분하고 편하게 이용할 수 있어야 한다.

③ 국제회의장 및 회의관련시설 서비스 등 컨벤션 수용태세가 완비된 곳이어야 한다.

④ 교통·통신시설이 편리한 곳이어야 한다.

⑤ 환경이 적절한 곳이어야 한다.

⑥ 정치·경제·사회·문화·과학·의학·법률적 수준이 세계적이어야 한다.

---

1) 박현지, 인터넷시대의 관광이벤트론, 형설출판사, 2001.

물론 이러한 조건을 갖추었다고 해서 컨벤션 개최가 반드시 보장되는 것은 아니며, 컨벤션 개최지로 성공하기 위해서는 다음과 같은 노력이 필요하다.

① 컨벤션 개최지로 부각시키는 강력한 마케팅활동이 있어야 한다.

② 가격 면에서 상대적 우위가 확보되어야 한다.

③ 컨벤션을 지역사회산업으로 인식하고 이를 지역발전수단으로 하는 일체감이 형성되어야 한다.

④ 컨벤션 관련업계가 지역관리회사 구성원으로서의 공동체의식이 있어야 한다.

(1) 도시중심지역

이 지역은 박물관, 극장, 미술전시장은 물론이고 시설 좋은 호텔들이 집중되어 있는 곳이다. 식당도 다양해서 인종별 식당에서부터 미식 식당까지 있다. 쇼핑과 거리산책도 회의참석자들에게는 도시의 풍치를 맛보게 할 수 있으며, 택시와 버스도 이용이 가능하고 컨벤션 서비스를 제공하는 업체도 많다.

(2) 교외지역

교외지역은 새롭고 유행에 민감한 곳이 많으며, 고급 부티크나 고급호텔식당도 존재하는 곳이다. 도시중심보다 통량이 적고 무료주차도 할 수 있다. 스포츠 레크리에이션시설도 가까운 곳에 위치한다. 그러나 대형호텔은 수가 적은 편이어서 전시면적이나 기타 회의 목적으로 쓰일 공간 확보가 제한된다. 교외지역은 겉모양은 도심지와 비슷할지도 모르지만, 도심지역의 독특한 맛을 제공하지는 못하는 곳이다.

(3) 공항회의시설

공항회의시설은 간단한 위원회 회의나 일일 동안 개최되는 회의에는 알맞은 곳이다. 공항지역 내 호텔까지 무료 셔틀버스도 자주 이용할 수 있다. 공항 회의시설은 최신의 것이 많고 단기회의를 위해서는 훌륭한 서비스를 갖추고 있다. 식당선택은 한정되기 쉽고 공항소음도 조사해 보아야 하기 때문에 장기회의를 개최할 때에는 호텔에서는 아무리 장기 체재할 수 있도록 서비스를 제공한다 해도 회의참석자들은 이런 환경에서도 갇힌 기분을 느끼거나 만족치 못할 수 있다. 하지만 공항회의시설은 당일 도착해서 출발할 수 있기 때문에 시간을 절약하기에 는 최고의 기회가 될 수 있다.

(4) 리조트

리조트는 릴렉스한 분위기를 제공하기 때문에 참가자들에게 매일 매일의 억압 으로부터 벗어날 수 있게 하지만, 리조트는 대단히 호화롭고 온갖 위락을 제공할 수 있다. 또 어떤 곳은 전원적인 것도 있다. 시간과 수송이라는 문제 때문에 공항 으로부터의 거리를 제일 먼저 생각해야 하며 리조트에서는 아메리칸 플랜방식을 적용해서 일일요금을 계산하는 경우가 많기 때문에 유러피언이나 모디파이드 아 메리칸 방식이 적용되는가를 확인할 필요가 생긴다.

따라서 일부만 회의를 하고 스포츠 활동기회를 많이 주는 단체에서는 리조트 를 선호하고 있다. 리조트지역은 개인에게는 아주 비싼 경우가 많기 때문에 비수 기 요금을 활용하면 회의 참석자들에게 절약할 수 있는 기회를 제공할 수 있는 기회를 제공할 수 있다. 따라서 리조트지역은 참가자들의 시간을 모두 회의에 바 쳐야 하는 그런 회의지역으로 선정되어서는 안 된다. 참석자들은 리조트의 이점 을 즐길 기회가 적기 때문에 무엇 때문에 이렇게 먼 곳이 회의개최지로 선정되었 는가 하는 의구심을 보일 수 있기 때문이다.

2. 컨벤션시설

컨벤션시설로서는 컨벤션장과 호텔이 대표적이다. 컨벤션센터는 호텔에서 개 최하는 데는 적합하지 않은 전시와 이벤트 대형회의를 개최하기 위한 컨벤션 전 용시설이다. 어떤 곳에서는 컨벤션센터가 호텔에 근접해 있어 호텔 회의시설과 병행해서 쓰일 수도 있지만, 대부분의 경우 호텔과 컨벤션센터 간의 셔틀버스의 이용가능성과 투숙객실과의 거리 등을 우선적으로 고려해야 된다.

또한 컨벤션센터 내에서는 각종 연회행사를 할 수 있는 식사서비스가 있기는 하지만, 호텔만큼 폭넓은 다양성을 가진 식당은 이용할 수 없다. 또한 룸서비스 도 이용할 수 없고 로비에는 기념품점이나 드럭스토어(Drug Store)가 있는 경우 도 드물다.

호텔과 컨벤션센터와의 중요한 차이는 물론 회의장 면적이나 객실 수에 있겠으나, 또 다른 차이라면 회의개최비용이다. 사용 객실 수와 식음료행사 수입 등에 따라 호텔회의장은 무료로 사용할 수 있으며, 신규 호텔이나 유명 지역 내 호텔들은 회의장에 대해서 비용을 부담시키고 있다.

특히 호텔에 예약된 객실 수가 적은 경우에는 비용부담이 보통인데, 이런 경우 컨벤션센터와 호텔회의장 임차간의 비용차이는 대단히 커질 수 있다. 무엇보다도 회의 자체의 요구 사항과 참석자의 요구사항과 참석자의 요구들을 고려해서 호텔회의장이나 컨벤션센터를 선택하도록 해야 한다. 말하자면 규모에 적합치 못한 시설은 성장을 제한해서 결과적으로 수입도 적어지고 주최기관에 대한 회원들의 지지도에도 해를 끼칠 수 있기 때문이다.

1. **다음 중 컨벤션 개최장소 요건으로 틀린 것은?**
   ① 참가자들의 집합이 용이한 곳이어야 한다.
   ② 숙박시설이 충분하고 편하게 이용할 수 있어야 한다.
   ③ 국제회의장 및 회의관련시설 서비스 등 컨벤션 수용태세가 완비된 곳이어야
   한다.
   ④ 정치·경제·사회·문화·과학·의학·법률적 수준이 보통수준이어도 상관
   이 없다.

2. **컨벤션 개최지로 성공하기 위한 노력이 아닌 것은?**
   ① 컨벤션 관련업계가 지역관리회사 구성원으로서의 공동체의식이 없어도 된다.
   ② 가격 면에서 상대적 우위가 확보되어야 한다.
   ③ 컨벤션을 지역사회산업으로 인식하고 이를 지역발전수단으로 하는 일체감이
   형성되어야 한다.
   ④ 컨벤션 개최지로 부각시키는 강력한 마케팅활동이 있어야 한다.

3. **컨벤션 개최장소로서 리조트의 특징이 아닌 것은?**
   ① 일부만 회의를 하고 스포츠 활동기회를 많이 주는 단체에서 리조트를 선호한다.
   ② 리조트는 릴렉스한 분위기를 제공한다.
   ③ 리조트는 대단히 호화롭고 온갖 위락을 제공할 수 있다.
   ④ 리조트에서는 아메리칸 플랜방식을 적용해서 일일요금을 계산하는 경우가 많
   지 않다.

4. **컨벤션 개최장소로서 호텔과 컨벤션센터의 중요한 차이로 맞는 것은?**
   ① 회의개최비용의 차이
   ② 시설이용의 편의성
   ③ 접근성의 용이성
   ④ 제공되는 서비스의 차이

5. 컨벤션 개최시설로서 공항회의시설의 특징이 아닌 것은?

① 간단한 위원회 회의나 일일 동안 개최되는 회의에는 알맞다.

② 식당선택은 한정되기 쉽고 공항소음도 조사해 보아야 한다.

③ 시간을 절약할 수 있는 장점이 있다.

④ 다양한 공항시설을 이용하기에는 물리적 제한이 있다.

제5장

컨벤션 기획요소 및 구성

1. 컨벤션 관리과정

1) 컨벤션 기획단계

이 단계는 컨벤션을 기획하고 준비하는 단계이다. 따라서 경영활동의 초점도 기획(planning), 조직화(organizing), 인원배치(staffing)활동이 중심이다.

이 단계에서 이루어져야 할 주요기획 준비사항을 열거하면 다음과 같다.

① 회의개최목적 확정

② 개최지검토, 평가 및 선정

③ 회의관련시설과 교섭의 계약

④ 회의프로그램 기획

⑤ 예산책정

⑥ 보험가입

⑦ 시청각기자재 및 기타 서비스소요 판단

⑧ 등록절차 확정

2) 컨벤션 실시단계

이 단계는 앞에서 기획준비된 컨벤션을 집행 운영하는 단계이다. 따라서 이 단계에서 중요시되는 경영활동은 계획을 집행하고(Executing) 관리하며(Managing)

집행되는 여러 가지 활동들을 조정(Coordinating)하는 일이다.

이 단계에서 집행되어야 할 주요 업무를 보면 다음과 같다.

① 참가자 등록

② 상호 업무연락

③ 객실배정 및 회의장 준비

④ 사교행사 실시계획

⑤ 시청각 및 회의서비스 운용

⑥ 주요인사 초청 및 영접

⑦ 비상시 행동요령 및 위기관리

3) 컨벤션 통제단계

이 단계는 컨벤션을 개최하고 나서 그 결과를 평가하고 통제하여 앞으로의 계획을 입안하는 데 필요한 자료를 정리하는 최종단계이다. 따라서 이 단계에서 중요시되는 경영활동은 통제(Control)와 평가(Evaluation) 그리고 피드백(Feed back)이라고 할 수 있다.

이 단계에서 추진되는 주요 업무를 보면 다음과 같다.

① 회의참가자의 출발

② 장비 및 전시물 탁송

③ 회의 평가조사 실시

④ 감사서신 발송

⑤ 청구서 확인

⑥ 회의결과보고서 작성

이와 같은 컨벤션의 관리과정에서 볼 때 분명해지는 것은 누군가가 이런 업무를 책임지고 추진해야 한다. 그야말로 컨벤션을 기획하고 조직화하며 리드해가야 할 뿐만 아니라 통합조정하고 커뮤니케이션할 사람이 있어야 하며, 더욱이 컨벤션관리에 수반되는 제반사항들을 통제할 사람이 요구된다. 컨벤션은 경영의 원칙에 유의하지 않으면 성공할 수 없으며 특히 재정적으로 성공하기는 힘들다.

어떤 전문가단체이든 기업이든 연차회의나 기타 다른 회의를 개최할 때마다 재정적 손실만을 경험하려 하지 않을 것이다. 바로 이런 까닭에서 컨벤션기획자라는 전문직종이 생겨나는 것이다.

2. 컨벤션기획가(Meeting Planners)

1) 컨벤션기획가의 의의

오늘날 컨벤션기획가라는 말이 보편화된 것은 그만큼 컨벤션산업이 성장했음을 보여주는 것이다. 그러나 컨벤션 유형과 규모도 다양해지고 단체의 종류 또한 다양해서 컨벤션기획가를 정확히 정의하기는 어려운 일이다. 과거에는 컨벤션기획가가 단순히 숙박시설과 회의공간을 결정하면 되었지만, 현재의 컨벤션기획가는 개최되는 컨벤션에 따라 수반될 수 있는 모든 일을 결정해야 함으로 다양한 지식이 요구되고 있다.[1]

어떤 컨벤션기획가는 소속단체의 회의를 기획하는 업무에 전념하고 있다. 이것은 자기 단체활동을 재정적으로 후원하기 위해서 연차총회와 트레이드쇼의 참가자와 수입에 크게 의존하는 대형 국가단체의 경우 더욱 그러하다. 그러나 Doston에 따르면 기업단체의 회의기획자는 2%만이 그리고 전문가단체는 6%만이 전임회의 기획가라고 한다.[2]

전문가단체의 기획가의 평균 28%가 회의기획을 위해서 자기시간의 1/3에서 2/3를 보내며 48%는 근무시간의 1/3 미만을 보내고 있다. 한편, 기업단체 기획자의 78%가 회의관련활동에 자기시간의 1/3 미만만 낸다고 한다. 이러한 사실은 컨벤션기획이라는 것이 하나의 직업으로서 훌륭하게 인정받고 있으며 매우 적은 경우에만 전임제로 근무하고 있음을 보여준다. 말하자면 회의라고 하는 일보다 많은 일을 하고 있는 것이다.

2) 컨벤션기획가의 유형

국 · 내외적으로 조직단체들이 다양화해짐에 따라 회의기획가의 유형도 다양

---

1) 안경모 · 이광우, 국제회의 기획경영론, 백산출판사, 1999, p. 26.
2) Penny C. Dotson, Introduction to Meeting Management(Birming, Alabama : The Education Foundation of the Professional Convention Management Association,1988), p. 5.

화되는 추세로 쉽게 구별할 수 있는 유형을 보면 다음과 같다.[3]

① 기업단체회의 기획가(Corporate meeting planners)

② 전문가단체회의 기획가(Association meeting planners)

③ 정부기관회의 기획가(Government meeting planners)

④ 개인회의 컨설팅회사(Independent meeting consultants)

⑤ 전문가단체 관리회사(Association management companies)

⑥ 여행사(Travel agencies)

기업단체회의 기획가는 한 기업의 종업원, 경영진 그리고 소유자들을 위한 회의의 모든 세부사항들을 기획하고 실시하는 것을 책임지고 있는 사람을 말한다. 전문가단체회의 기획자는 여러 형태의 전문가단체에서 정식으로 고용된 직원인 경우가 보통이다. 이들 전문가단체는 정관상 적어도 1회의 회원총회와 1회 이상의 이사회를 정기적으로 계획하고 있다. 기업회의는 성질상 반복적이고 해마다 동일한 참가자들이 참가한다.

그러므로 기업회의 기획가는 회의를 새롭게 하고 참가자들을 흥미롭게 하는데 신경을 써야 한다. 정부기관회의 기획가는 작은 지방정부에서부터 거대한 연방정부에 이르기까지 모든 정부에 존재한다. 최근에는 정부기관에서 회의를 기획하는 사람들이 모여 정부기관회의 기획가회(SGMP : The Society of Government Meeting Planners) 같은 단체를 만들어 활동을 보다 전문화하려고 노력하고 있다.

개인회의 컨설팅회사는 회의기획서비스를 기업단체나 전문가단체에게 직접 제공하고 그 대가를 받는 개인이나 소규모 기업을 말한다. 그러므로 이 형태는 회의산업의 중재이며 매개체 역할을 하는 것인데, 다른 유형의 기획자와는 달리 급여가 아니라 이익을 위해서 활동하는 것이다.

전문가단체관리회사는 유급임원이나 간부와 같은 업무나 서비스를 수행하지만, 정식회의 기획자를 갖지만 한 단체를 대신해서 활동하는 것이다. 이와 같이 이들 관리회사들은 자신들의 이사회들을 통해서 2개 또는 2개 이상의 전문가 단체에게 경영서비스를 제공해준다. 이러한 경영패키지의 일환으로 컨벤션기획과 회의관리서비스를 제공하는 것이다.

---

3) Denny G. Lutherford, op.cit., p. 109.

여행사는 최근에 와서 컨벤션기획자들에 여행서비스를 제공하는 업체 이상으로 회의산업에 관련하고 있다. 점차 고객들에게 다양한 컨벤션기획서비스를 제공하고 있다. 많은 여행사들이 여행일정을 기획해주는 일뿐만 아니라 기업고객을 상대로 하는 회의관련 업무를 시작했다.

이런 식으로 여행매체로서의 여행사와 이미 밀접하게 연계되어 있는 기업에서는 여행관련 업무 이외에 회의관련 패키지를 만드는 데에도 호텔, 교통회사, 음료업체와 가지고 있는 여행사와의 관계를 이용하고 있다. 이것은 기업의 여행사를 통해서 여행서비스를 구매하는 기업이 집중화되는 추세를 낳고 있다.

3) 컨벤션기획가의 조건

(1) 협상기술이 뛰어나야 한다.

컨벤션기획가는 다양한 호텔의 최고경영자로부터 하우스 키핑요원이나 영선요원과 만나야 할 때도 있고, 때로는 컨벤션시설의 마케팅담당자와 교섭을 해야 할 경우도 있다. 전시회의 관리자나 노동조합 관계자, 식음료 지배인들도 만나야 한다. 따라서 컨벤션기획가가 갖추어야 할 자질 가운데 가장 중요한 것은 협상기술이 뛰어나야 한다.

(2) 각국 문화에 정통해야 한다.

기업회의이든 전문가단체회의이든 컨벤션은 각국 대표들이 모여 회의를 하는 것을 전제로 하고 있다. 따라서 컨벤션기획가는 각국 문화에 정통하여야 한다. 따라서 다양한 문화와 사회계층을 이해하는 것이 중요하다. 그렇기 때문에 컨벤션기획가는 여러 가지 상황에 유연하게 대처할 수 있어야 하며, 또한 컨벤션기획가는 국제적인 의전행사에 대해서도 능통해야 한다.

(3) 외교적 자질이 있어야 한다.

앞서 말한 두 가지 자질을 하나로 포용하는 자질이 외교적 자질이라고 할 수 있다. 여러 가지 교섭이 진행되는 상황 하에서 특히 문화적으로 다양한 참가자들을 설득하여 성공적인 회의를 진행할 수 있어야 한다.

(4) 외국어 실력

컨벤션에 참가하는 외국인들은 한국말을 할 수 있는 사람들이 아니므로 이들과 함께 자연스런 대화를 할 수 있는가를 파악하여, 참가자들의 모국어를 구사할 수 있는 인원을 적재적소에 배치해야 한다.

(5) 창의력이 있어야 한다.

동일한 사람들이 동일한 회의에 참가하는 경우에는 동일패턴을 유지해서는 안된다. 이러한 것은 오늘날과 같은 치열한 기업환경에서 기업회의나 전문가 회의의 목적을 홍보할 수 있는 능력이 있어야 한다.

그렇지 않으면 막대한 예산의 낭비가 초래하는 것이다. 그러나 실질적으로 회의기획가가 회의를 기획하면서 회의목적에 충실해서 참가자들에게 유쾌하고 기억될 만한 회의가 될 수 있도록 하는 오락, 초청연사, 물품제공, 프로그램 등을 준비할 기회는 예산이 허락하는 범위 내에서 최대한 노력해야 한다.

(6) 서비스 마인드

컨벤션 업무는 참가자들에 친절한 서비스를 제공하는 서비스업이므로 기업과 기업, 개인과 개인 간의 강도 높은 서비스 마인드가 필수적이라 할 수 있다. 회의의 준비를 위해 용역업체 직원들이 회의 준비뿐만 아니라 사소한 업무까지 꼼꼼하게 챙길 수 있는 서비스 마인드가 필요하다.

(7) 리더십과 대인관계

컨벤션기획가는 많은 사람들과 만나야 업무가 될 수 있기 때문에 폭넓은 대인관계가 필요하다. 왜냐하면 컨벤션에는 외국의 저명인사로부터 현장의 진행요원, 회의준비를 위한 노동자들까지 다양한 유형의 참가자, 회의준비요원, 진행요원들과 접촉을 해야 하기 때문에 참가들에게는 화합을 할 수 있는 분위기를 조성해야 하며, 회의 준비요원 및 진행요원들에게는 효과적인 준비와 진행을 할 수 있도록 독려를 할 수 있는 연출자로서의 기능을 해야 하기 때문에 탤런트적인 기질과 카리스마가 있어야 한다.

4) 컨벤션기획자의 실무[4]

(1) 회의기획

① 컨벤션은 참석자들이 그들 자신의 것에서 더 나아가 추구하고자 하는 아이디어를 가져갈 수 있도록 할 수 있어야 한다.

② 컨벤션은 자신의 사무실, 가게, 작업환경, 공장, 또는 비즈니스로 돌아가 그들이 듣고 배운 것을 실행할 수 있도록 격려하고 동기를 심어주어야 한다.

③ 규모의 청중을 위한 3일 혹은 4일간의 큰 컨벤션의 경우에는, 추가적인 것이 요구된다. 참석자들은 그들의 분야에서의 새로운 트렌드와 발전사항에 대한 충실한 정보를 바라고 있다. 컨벤션의 성공에 책임이 있는 사람들은 각 세션이 일반적인 주제에 대한 해결책을 제안하도록 해야 하며, 새롭지만 널리 적용될 수 있는 기법을 표현하거나, 현재의 사고와 실행을 유용한 방법으로 탐구하도록 해야 한다.

④ 컨벤션기획가는 모든 개인이 질문하고 동료 등록자들과 정보를 교환할 수 있는 기회를 가지고 있는지 살펴보아야 한다. 요컨대 그 프로그램은 세션에 참석하는 각 개인이 컨벤션을 통해 그 분야에서의 더 훌륭한 지식과 기술을 얻을 수 있도록 해야 한다.

(2) 기획 시 고려요소

생산적인 컨벤션을 구성하는 데에는 8가지의 기본개념이 있다.

① 참여는 단순히 듣는 것보다 낫다. 청중은 연속되는 강연에 단순하게 참석하는 대신에 컨벤션에서 능동적인 역할을 하도록 이끌어져야 한다. 사람들은 다른 이들과 함께 인상과 경험을 나눔으로써, 그리고 결과적으로 그들의 지식을 업무과제들에 적용시킴으로써 배우게 된다.

② 초점이 각 개인에게 맞춰져야 한다. 어떤 청중도 동일한 생각과 배경의 집합은 아니다. 심지어 기업회의에서도 그렇다. 어느 그룹에나 차이점 심지어는 매우 큰 차이점들이 발견될 수 있고, 이는 컨벤션설계를 이끄는 데 사용되어야 한다.

---

4) Coleman Lee Finkel, New Conference Models for the Information Age.

③ 컨벤션은 참석자들의 희망과 목표를 향해야 한다. 물론 회사나 협회를 후원하는 목적을 고려해야 하지만, 참석하는 사람의 탁월함을 간과할 수 없다.

④ 영감은 내용부족의 대안은 아니다. 만약 컨벤션이 단지 청취를 올리기만 갈망한다면, 일부 동기 부여하는 연사들이 호감이 간다 하더라도, 그 효과는 일시적일 것이다. 세션들은 지적으로 자극하는 것이어야 한다. 즉 지성이 작용해야 한다. 참가자들이 그들의 일에 적절한 화제에 대해 생각하게 해야 한다.

⑤ 주제내용을 다루는 것은 정해진 청중에 맞아야 한다. 조직 외부에서 온 연사들은 청중의 프로파일과 컨벤션을 후원하는 그룹에 대한 설명을 받아야 한다. 내부 연사들조차도 청중의 문제, 필요 그리고 관심을 상기해야 한다.

⑥ "무엇"은 충분하지 않다. 청중은 "왜"와 "어떻게"를 알아야 한다. 연사가 무엇이 행해졌는지, 혹은 행해져야 하는지 말할 때, 그는 또한 그것이 왜 행해졌는지 또는 왜 행해져야 하는지도 말해야 한다. 가장 중요한 것은 연사가 어떻게 그것이 행해졌는지 혹은 어떻게 해야 하는지에 대해서도 알려주는 것이다. 청중이 '왜'나 '어떻게'가 아니라 '무엇을' 해야 하는가를 듣는다면 그것은 충분하지가 않다.

⑦ 주제는 한정된 초점으로 다루어져야 한다. 연사들에게는 너무 자주 막대한 양의 주제가 주어진다. 예를 들어 한 연사가 커뮤니케이션이나 마케팅에 관한 주제에 대해 연설하도록 얘기를 들었다고 가정해 보자. 이런 운이 없는 연사는 불가능한 과제의 모든 면을 포함하도록 애써야 한다. 그보다는, 컨벤션기획가는 연사에게 과제를 주기 전에 힘든 작업을 해야 한다. 기획가는 예상되는 청중을 위해 화제를 가장 적절하고 흥미있게 만들어 줄 구체적이고 예리한 초점을 확인해야 한다.

⑧ 컨벤션기획가는 자신의 청중을 알아야 한다. "저는 저의 청중을 알고 있습니다. 그들은 저를 위해 일합니다"라고 영업이사가 말한다. 그는 그들의 이름, 판매와 소득, 심지어는 배우자까지 알고 있다. 그러나 누군가 광범위하고 직접적인 조사를 하지 않는다면, 그는 직원들이 그들의 필요와 문제로 무엇을 보는지는 알지 못한다. 그 필요들은 아마도 그가 생각하는 것으로부터 멀리 떨어져 있을지도 모른다. 컨벤션 기획가를 이끌기 위해서는 실제

조사로부터 나온 청중 프로파일을 만들어야 한다. 우두머리의 상아탑에 서 나온 생각은 청중의 실제 필요와 문제에 거의 미치지 않는다.

(3) 주의 환기

청중은 전심전력을 다해도 개별 연사들이 말하는 것에 20~25분 이상 집중하기 어렵다는 것을 알게 된다. 전문적인 연사들과 달리 아마추어들은 청취자들을 더 오래 잡아 둘 수가 없다. 그들이 청중과 눈을 맞추기보다 연설을 읽는다면 심지 어는 단 20분이 몇 시간 같이 느껴진다.

더욱이 누군가가 분당 평균 125개 단어로 얘기하는 것을 집중적으로 들어야 할 때 사람들은 정신을 못 차리게 되는 한편, 그 속도의 네 배로 듣는 것 같을 수 있다.

또한 대부분의 아마추어 연사들은 큰 그룹 앞에서 여유가 있어 보거나, 그 그룹의 사람들의 마음을 사로잡는 스타일을 개발한 충분한 경험이 없다. 더 나쁜 것은 아마추어 연사들이 의지가 강한 컨벤션기획가에 의해 주제의 특성에 초점을 맞추도록 이끌어진 적이 없다는 것이다. 대신에 그들은 생각을 거의 또는 전혀 구하지 않는 쉬운 일반성에 매달리며, 고가의 청취시간을 낭비함에 따라 청중의 분노를 산다.

가장 중요한 사실은 평균적인 컨벤션 청중이 활동하는 사람들로 구성된다는 것이다. 그럼에도 컨벤션 연사는 사실상 그들이 동적인 청취자 및 학습자가 되기를 요청하고 있다. 이 심리적 변경은 어려운 것이다. 따라서 평균적인 무리는 빨리 불편해지게 된다. 게다가 그 불편함은 전염성이 있으며, 심지어는 가장 잘 기획된 프레젠테이션들마저 주춤거릴지 모른다.

다음 여섯 가지의 예제는 당신이 문득 생각날 때 개발하거나 적용시킬 수 있는 다른 것들을 제안할 것이다. 다양성의 필요에 민감하고 당신의 조직 밖에서 사용되는 다른 예들에 주의하는 것은 중요하다. 여기에 바른 연설에 대한 몇 가지 대안이 있다.

① 연설을 5분에 한정하라. 그러나 이를 수반하는 토의시간을 확장시켜라. 요약해야 할 필요성은 연설자가 필적인 것들에 집중하게 할 것이다. 이렇게 하는 것은 연사를 정보와 경험으로 채우도록 도와준다. 그러나 그는 초조함

때문에 단조롭게 강연하게 되는 경향이 있다. 자율적인 토의에서 그는 긴장을 풀고 좀 더 활동적이 되며, 청중의 관심을 유지시킬 수 있다.

② 강사에게 실제 강연 대신에 사회자가 물어볼 여섯 가지의 질문을 제출하도록 요청하라. 이는 청중으로부터 나오는 질문을 자극하고 지루한 세션을 활기가 넘치도록 전환시킬 것이다. 일반적으로 연사는 공식적인 강연을 할 때보다 질문에 대답하는 것이 더 편안하다.

③ 대안으로 청중의 다른 사람들에게 여섯 가지 질문을 각각 주어라. 이는 빨리 바람직한 토의를 유발하고 움직이게 해줄 것이다. 여섯 가지 질문 중 한 가지를 받은 사람들은 청중이 이미 적극적으로 질문을 하고 있다면 질문하지 않도록 조언받아야 한다. 본 질문들은 토의를 진행하고 질문이 길 때 빈틈을 메우기 위해 배포되는 것이다.

④ 두 사람을 선택해서 각자에게 5분이나 10분 동안 논쟁이 있는 주제의 반대 측면에서 말해 줄 것을 요청하라. 그 후에 그들이 숙련된 조정자의 방향지시 하에 그 주제에 대해 토의하게 하라.

⑤ 연사를 미리 연습시키고 그 다음 전문가가 결과를 비디오 테이프로 녹화하게 하라. 당신이 컨벤션에서 연속의 변화로 비디오를 제공할 때 전문가들은 세션에 참신함을 더하는 시각적인 효과를 만들 수 있다. 그러나 비디오로 녹화된 연사는 그 테이프가 보여진 후에는 질문에 대해 답하기 위해 나와야 한다. 사실 비디오테이프가 끝나고 실제 연사를 소개하는 것은 연사가 청중 가운데서 혹은 커튼 뒤에서부터 걸음을 옮길 때 집중 조명을 받는 것처럼 단순한 효과를 가지고도 극적으로 만들 수 있다.

⑥ 청중을 때때로 더 작은 그룹으로 분류하는 것을 기억하라. 토의 그룹을 형성하기 위해 그들을 원탁이나 사각 테이블에 앉게 하라. 당신의 목적은 모든 청중을 포함시키고 그들에게 영향을 주는 것이어야 한다. 그러므로 능동적이고, 연속적인 참가를 위해서 가능한 모든 기회를 제공해야 한다.

어떤 회의 기법도 모든 주제 내용을 가지고 또는 참석한 모든 개인으로 똑같이 효과적이지는 않으므로, 다양한 형식을 이용해야 한다. 요컨대 약간의 창의력을 이용하라. 지루한 컨벤션이 될 가능성이 있는 형식과는 단절하고 그 과정에서 자신의 분야에서 앞서가기는 하지만 활기를 띠지 못하고 강단에 서는 연사들의 결점을 보완하라.

(4) 회의장의 배치도 준비

컨벤션기획가는 회의시설물을 준비할 때 공간의 배치를 설계해야 한다. 가구의 배치를 보여주는 위치의 범위를 포함한 배치도를 준비해서 회의시설물을 준비하는 부서에 넘겨주어야 한다. 좌석배치의 결정을 호텔 측에 맡겨서는 안 된다. 좀 더 큰 규모의 컨벤션에는 호텔이나 컨벤션센터에서 제공해서 선택할 수 있는 회의장의 규모와 수용능력이 제한될 수도 있다. 선택이 제한되어 있더라도 당신에게 회의공간을 최대한 기능적으로 설치해야 하는 책임이 있다는 것을 기억하라. 만일 선택의 여지가 있다면 당신의 프로그램의 목적에 가장 합당한 곳을 찾도록 하라.

① 연단과 공간의 규모

연사가 앉을 연단은 청중의 규모와 천장의 높이를 고려하여 30cm에서 1m 정도가 적당하다. 장내의 참가자들 사이의 모습을 확실히 볼 수 있어야 한다. 연단의 폭은 2.5m에서 3m 정도로 해서 연사가 의자와 강의대를 자유롭게 움직일 수 있도록 해야 한다. 후면영사기(Rear-Screen Projection)를 사용한다면 연단의 폭을 더 넓히도록 해야 한다.

② 폭이 좁은 회의장은 피하라

세션을 위해서 폭은 좁은 회의장을 피하라. 회의장이 좁고 길다면 뒤쪽에 청중은 연사로부터 매우 멀어지게 된다. 연단으로부터 먼 거리에 있게 됨으로써 회의진행과 토론에 참여하는 것이 어렵게 된다. 개인적으로 회의공간으로 좁고 길어 적당하지 않다는 기준은 공간의 길이가 넓이의 절반 이상을 넘어서는 안되는 정도이어야 한다. 이럴 경우 넓이가 50m라면 길이는 75m를 넘어서는 안되는 것이다. 공간이 이 이상 길 경우에는 볼링 레인을 만드는 것이 낫다.

③ 연단의 배치

강의대의 마이크는 거위의 목처럼 유연한 받침대를 사용해서 연사에 따라 다양한 이로 조정이 가능하도록 하라. 연사의 테이블에는 테이블 마이크를 사용해서 토론시간 동안 연사들이 편안한 위기에 앉아서 질의 응답을 하며 메모할 수 있도록 배치하라.

회의 사회자는 강단에 서서 토론시간을 조율하고 적당한 연사에게 질문을 돌리도록 한다. 연사를 소개할 때 연단에서 강의대까지 행진하도록 배치한다면 극적 효과를 낼 수도 있다. 스크린이 연단에 있을 때 연사와 강의대에 영사되는 이미지를 가려서 청중의 시선을 방하지 않도록 배치하는 것도 잊어서는 안 된다.

천장이 너무 낮으면 스크린을 연단의 좌우에 설치하고 두 개의 영사기를 사용한다. 화면 영사기가 필요없다면 강의대를 연단의 중앙에 놓는다. 강의대의 자리를 잡을 때 연사 시선이 텅 빈 통로를 보는 것보다 청중의 얼굴을 볼 수 있도록 배치하도록 한다.

④ 청중의 좌석 배치(사회자만 있는 경우)

한 통로에서 다음 통로까지 한 줄에 10~12개 이상의 좌석을 배치하지 않는다. 이렇게 하면 사람들이 자를 떠나거나 빈자리를 찾기 위해 움직일 때 불편을 줄일 수 있다.

줄 사이에 60cm에서 75cm 가량의 공간을 확보하라. 이렇게 해야 사람이 지나다닐 때 일어서 비켜주는 등 문제없이 출입이 가능할 것이다.

통로는 참가인원에 따라서 1.5m에서 1.8m 정도의 공간을 확보해야 한다. 혹시나 필수적으로 규정되어 있을지 모르는 화재에 관련된 법률을 확인해서 공간을 확보한다.

첫 줄에 청중이 목을 빼고 연사를 보는 일을 막기 위해서 연단과 청중의 첫 줄은 2m에서 3m 정도의 거리를 유지한다.

회의장의 마지막 줄도 2m에서 3m 가량의 공간을 확보한다. 이는 나중에 도착하는 사람들이 자리를 확인하기에 충분한 공간이 되며, 테이블을 배치하고 유인물 등을 혼잡하지 않게 가져갈 수 있도록 하며, 세션이 끝나고 자연스럽게 토의를 위해 모이는 장소가 될 수 있다.

⑤ 테이블의 배치

회의장의 공간이 여유가 있다면 청중을 위한 테이블을 배치하는 것도 바람직하다. 개인에게 필기를 위한 공간을 확보해주며 비즈니스의 면모를 보여줄 수 있다. 가능하다면 테이블은 45cm에서 60cm의 폭을 가진 것으로 한다.

더 좁은 테이블을 사용하면 더 많은 사람을 앉힐 수 있다. 줄 사이에 60cm에서 75cm짜리 테이블을 두어 사람들 이동을 편하게 하고 앉은 사람을 방해하지 않고 뒤로 지나갈 수 있도록 한다. 한 테이블에서 사람 사이에 75cm 정도가 가장 편안하지만 적어도 60cm의 거리를 유지하도록 한다.

⑥ 청중의 참가 보조

연사에게 부여된 시간 중 1/3에서 1/2 가량을 청중의 참가를 위해 할당하도록 한다. 이런 시간을 프로그램 기획에 변화를 줄 수 있을 뿐 아니라 참가자들이 컨벤션에 자발적으로 참여하도록 할 것이다. 이 시간은 질문에 답변을 하거나 주제를 심화시켜서 명확하지 않거나 오해의 소지가 있는 점을 명확하게 할 수 있는 시간이다.

회의장을 어떻게 배치하느냐에 따라서 청중의 참가를 유도할 수 있다. 그 가운데 하나가 여섯 줄로 자를 배치하는 것이다. 회의 휴식시간에 사회자는 홀수 열의 의자를 돌려 짝수 열의 참가자들과 마주보게 할 수 있다. 참가자들은 열의 번호가 강당의 가장자리 깃대에 적혀 있기 때문에 그들이 앉은 곳이 홀수 열인지 짝수 열인지를 알 수 있다. 또는 숫자를 색깔로 대신할 수 있으며, 빨간 줄의 좌석을 돌려 녹색 열과 마주보게 할 수 있다.

12그룹으로 구성되었을 때(여섯 명이 여섯 명과 마주하게 된다) 사회자는 연설과 관련된 문제를 던져 줄 수 있다. 제한된 시간 동안 12개의 각 팀이 토론하도록 한다. 구성원들이 생각을 나누고 연사에게 질문할 것을 의논하게 한다. 작은 메모에 질문사항을 적도록 해서 사회자가 걷어서 연사에게 질문한다.

청중들이 원래의 상태로 의자를 돌려 앉으면 연사가 질문에 답변을 시작한다. 복잡하게 들릴지 모르지만, 사회자가 명확하게 지시하고 진행보조자가 처음에 의자를 '180도 돌리는 것'만 도와준다면 문제가 없다. 여섯씩 두 줄 그러니까 각 팀에 12명을 상한선으로 한다. 4~5줄로 8~10개의 조를 편성하거나 더 많은 참가도 가능하다.

원탁 테이블을 설치를 통하여 청중의 역동적인 참가를 얻을 수 있다. 컨벤션의 식사 시 결합을 위해서 사용될 수 있으며, 동일한 방법과 설치를 회의장에서도 적용할 수 있다.

컨벤션의 유형 가운데 가장 주의를 끄는 공간의 "외관"을 통해서 집중시키는 것은 영업회의이다. 이런 종류의 컨벤션은 회의의 시작에서 끝까지 시각적인 흥미로움을 만들어낸다. 기업 컨벤션이 일반적으로 하나의 회의장을 사용하기 때문에 기업 컨벤션기획가는 회의장 장식에 주목해야 한다.

회의장을 위한 한 가지 방법은 컨벤션센터에서 전시장식을 하는 회사 가운데 하나를 활용하는 것이다. 이러한 회사는 노하우와 컨벤션장소 특히 중요한 회의장을 장식하기 위한 자료를 가지고 있다. 미적으로 매력적인 연단과 테이블과 무대 배경이 갖추어진 회의장으로 들어서는 것은 선명하게 와 닿을 수 있다.

컨벤션기획사업은 공연사업이다. 당신의 무대에 극적인 흥취를 더해 줄 것이다. 어떠한 상황에서도—무대의 배경이 거울이라거나 촛대가 박힌 조명이라 할지라도—적절하게 장식할 수 있다.

3. 컨벤션 용역업체(Professional Congress Organizer)

컨벤션기획가를 설명하면서 여러 가지 유형을 들었으나, 사실 우리나라에서는 컨벤션기획가라는 말보다 컨벤션용역업체(PCO)가 더 낯익은 말이다. 그러나 이 양자 간의 개념과 업무영역이 상대적이고 보완적이긴 하지만 엄격히 말해 컨벤션용역업체란 컨벤션기획가의 유형 가운데 독립된 회의컨설팅회사(Independent Meeting Consultant)를 의미한다.

따라서 이것은 컨벤션 개최와 관련한 다양한 업무, 즉 기획, 준비, 운영, 평가 등의 전 과정업무를 위탁받아 업무를 행사주최 측으로부터 위임받아 부분적 또는 전체적으로 대행해주는 영리업체이다.

PCO는 여러 형태의 회의에 대한 풍부한 경험과 회의장, 숙박시설, 여행사 등 회의관련업체와 평소 긴밀한 관계를 유지하여 모든 업무를 종합적으로 조정/운영할 수 있을 뿐만 아니라, 주최 측의 시간과 경비를 절감해 줄 수 있다. 컨벤션 용역업체(PCO)가 수행하는 업무의 내용을 보면 다음과 같다.

유치 단계
· 유치가능 행사 발굴 및 제안
· 유치제안서 및 프리젠테이션 관련물 제작
· 유치관련 행사 기획 및 진행
· 현장 실사단 대응

행사 기획 단계
· 기초 예산 수립 및 후원 등 예산 확보방안 수립, 수익관리
· 개최 장소 비교, 제안 및 선정
· 준비 조직 구성안 및 관련 인사 섭외
· 주제 개발 및 프로그램 등 컨텐츠 기획 및 주요 연사 제안/섭외
· 전시, 연회, 문화 행사, 이벤트, 산업시찰, 관광 등 부대 행사 프로그램 기획
· 본부 사무국과의 커뮤니케이션 및 협상 진행
· 참가자 DB구축 및 초청, 유치 및 마케팅 활동 일체
· 후원사 발굴 및 유치 활동 지원
· 국내외 홍보 및 마케팅 기획 및 관련물 제작 등

행사 준비 및 개최단계
· 등록/숙박/수송/영접/의전 등 운영
· 개최지 환경 조성 및 관리
· 각 행사장 실내·외 환경조성 및 시스템 설치 및 운영
· 각종 인쇄·제작물 제작 및 관리
· 자원봉사자, 운영요원 선발 및 운영 등 인적 자원 및 소요 물자 일체 조달 및 관리
· 시위, 전염병 등 비상사태 대응방안 수립 등

행사 사후단계
· 정산 및 결과보고서 작성 및 배포
· 참가자 만족도 조사 및 참가자 사후 관리
· 개최 효과 분석 등

출처 : 대한민국 국제회의기획업 총람, PCO협회, 2013.

따라서 컨벤션용역업체는 컨벤션의 개최준비 및 운영과정에서 이 업체의 용역을 원할 경우 준비사무국, 참가자, 외부관련 인사, 회의관련자, 관련업체 사이에서 이루어지는 업무를 처리하는 기능을 수행하고 있다. 따라서 컨벤션 용역업체의 회의관리능력에 따라 해당지역의 컨벤션 개최능력과 용력을 평가받는 요소가 될 수 있다.

그러므로 그것은 컨벤션의 공급적 측면에 구성하는 요소가 되고 있으며 회의산업을 이루고 있는 업종이기도 하다. 컨벤션산업의 성장과 더불어 컨벤션 유형과 규모도 다양해지고 단체 종류 또한 다양해졌다. 앞으로 국내에서도 컨벤션 유치에 총력을 기울이므로 국제회의 개최 건수는 더욱 증가될 것이고, 우리나라 PCO의 역할과 기능은 더욱 확대될 것이다.

코엑스 대박 … MICE 먹힌다

8월 외국인 1만명 몰려 인근 상권 매출 급증 … 신성장동력 가능성

서울 도심의 전통적인 관광 비수기인 8월에 삼성역 코엑스 인근 업체들의 매상이 급증했다. 굵직한 컨벤션과 이벤트가 연달아 열렸기 때문이다.

지난달 31일 코엑스와 관련 업체들에 따르면 지난달 삼성역에 위치한 그랜드인터컨티넨탈 호텔과 인터컨티넨탈 코엑스의 컨벤션 관련 판매 객실 수는 각각 947개, 2142개로 나타났다. 이는 지난해 8월의 646개와 872개에 비해 각각 46.6%, 145% 상승한 수치다.

두 호텔을 운영하는 파르나스 호텔 관계자는 "전통적으로 8월은 두 호텔의 객실 점유율이 낮은 편이지만 올해는 행사가 많아 모두 평소보다 훨씬 높은 매출을 기록했다"고 밝혔다.

지난 8월 코엑스에서 열린 큰 행사는 '2014 세계수학자대회'와 인기 그룹 JYJ가 각국 팬들을 대상으로 개최한 'JYJ멤버십위크'이다. 이 두 행사를 보기 위해 온 외국인 관광객만 1만여 명에 달했다는게 호텔업계의 추산이다.

여러 명의 한류스타가 서울 시내 곳곳에서 콘서트를 열면서 삼성역 인근 호텔뿐 아니라 서울 시내 호텔들의 전반적인 객실 수요가 상승한 것으로 알려졌다.

인근 서비스 업체들의 실적도 함께 뛰었다. 코엑스 아쿠아리움의 경우 외국인 방문객이 2013년 8월에 비해 39% 증가했다고 밝혔다. 한국도심공항과 삼성동 현대백화점의 매출도 전년 동기 대비 각각 12%와 20% 증가했다. 코엑스몰 내부수리 작업이 아직 끝나지 않아 지하철역에서 백화점 등으로 이어지는 동선이 불편한 점을 감안하면 의미 있는 매출 증가세이다.

게다가 이 숫자는 8월 24~29일까지 열린 '국제미생물학회' 관련 매출은 포함되지 않은 수치다.

코엑스 관계자는 "미생물학회 참석을 위해 방한한 외국인은 2000여 명으로 추산된다"며 "이들 역시 코엑스 인근 상권에 큰 영향을 미쳤을 것"이라고 말했다.

8월 코엑스 인근 업체들의 매출 급증은 '마이스 (MICE)' 산업이 경제에 미치는 효익이 기대 이

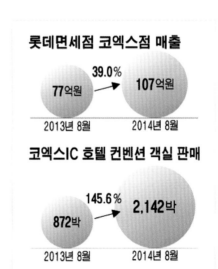

롯데면세점 코엑스점 매출

77억원 → **39.0%** → 107억원

2013년 8월   2014년 8월

코엑스IC 호텔 컨벤션 객실 판매

872박 → **145.6%** → **2,142박**

2013년 8월   2014년 8월

상임을 보여준다. 마이스 산업이란 기업회의(Meeting) · 포상관광(Incentives) · 컨벤션(Convention) · 이벤트와 박람전시회(Events & Exhibition)를 융합한 새로운 산업을 뜻한다.

매일경제, 2014.08.31

1. 다음 중 컨벤션 기획단계의 내용이 아닌 것은?

　　① 사교행사 실기 계획　　　② 개최지 검토, 평가 및 선정

　　③ 회의관련시설과 교섭의 계약　④ 회의프로그램 기획

2. 다음 중 컨벤션 실시단계의 내용이 아닌 것은?

　　① 참가자 등록　　　　　　② 상호 업무연락

　　③ 객실배정 및 회의장 준비　　④ 보험가입

3. 다음 중 컨벤션기획가의 필수 조건이 아닌 것은?

　　① 협상기술이 뛰어나야 한다.

　　② 재무설계 능력이 뛰어나야 한다.

　　③ 창의력이 있어야 한다.

　　④ 외교적 자질이 있어야 한다.

4. 생산적인 컨벤션을 구성하는 기본개념이 아닌 것은?

　　① 초점이 각 개인에게 맞춰져야 한다.

　　② 컨벤션은 참석자들의 희망과 목표를 향해야 한다.

　　③ 주제는 다양한 면으로 다루어져야 한다.

　　④ 청중이 컨벤션에서 능동적인 역할을 하도록 이끌어져야 한다.

5. 다음 중 PCO의 행사 준비 및 개최단계에서의 업무가 아닌 것은?

　　① 개최지 환경 조성 및 관리

　　② 후원사 발굴

　　③ 등록/숙박/수송/영접/의전 등 운영

　　④ 각 행사장 실내외 환경조성 및 시스템 설치 및 운영

Part **4**

컨벤션 기획운영 실무 및 사례

제6장

컨벤션 기획 운영 실무

국제회의 기획 운영 실무

I. 사전 기획

1. 전략적 사고
- 우리는 현재 어디에 있는가?
- 우리는 어디로 가야 하나?
- 우리는 어떻게 갈 것인가?

---

2. 프로그램 기획
가) 프로그램 기획의 핵심요소
- 목표
- 특수한 요구사항 (e.g. 장애자가 있는 경우)
- 선호사항과 기피사항
- 회의 내력
- 시간에 따른 일의 흐름

나) 프로그램 개발
- 타임 테이블
- 휴식
- 세션의 길이
- 숙박지

다) 회의 진행 형식

- 발표자/토론자 형식
- 질문서
- 워크숍
- 구조적 질문서
- 원탁회의
- 패널논쟁
- 포스터 세션

라) 참가자 활동

- 참여 집단에 적합
- 행사 목적에 적합
- 할애된 시간에 적합

3. 예산과 재무관리

- 재정목표의 설정
- 수입과 지출 예산의 전개
- 비용 관리
- 재무제표 관리
- 재무제표에 기초한 의사결정

4. 장소 선정

- 회의 목적 확인
- 회의 포맷 개발
- 회의의 물리적 요건 검토
- 참석자의 관심과 기대 검토
- 지역과 시설의 선정
- 선택 장소 평가

가) 회의 목적 확인

- 회의의 목적과 기대하는 결과를
  후보지 검토 이전에 명확히 정리
  → 교육 ?
  → 비즈니스 상담 ?
  → 사교 ?

나) 회의 포맷 개발

09:00 – 10:00	전체회의
10:30 – 11:00	분과회의
11:00 – 13:00	오전
13:00 – 17:00	시내관광
<제1일>	오전:등록 및 안내소 설치
	오후:회의장 설치
<제2일>	오전:운영위원회
	오후:등록 및 안내소 오픈

포맷: 전체적 스케줄 혹은 회의를 구성하는 이벤트의 흐름

다) 회의의 물리적 요건 검토

- 선호하는 날짜
- 예상 참석자 수
- 객실의 수와 형태
- 회의 공간
- 식사와 음료
- 전시
- 등록
- 부수적 공간

라) 참석자의 관심과 기대 검토

- 참석자의 연령에 따른 선호 장소
- 가족 동반 여부
- 배우자나 자녀 프로그램
- 지역 사회의 관심과 문화 체험의 기회
- 여가활동 (e.g. 골프, 테니스)
- 인근의 쇼핑장소와 식당

마) 지역과 시설의 선정

- 대도시 호텔
- 교외 호텔
- 공항 호텔
- 리조트
- 컨퍼런스 센터 (회의 전용)
- 컨벤션 센터 (전시회 가능)

바) 선택 장소 평가

- 복수의 후보지 선택
- 현장 방문
- 현장 점검표 개발
  - 접근성
  - 환경
  - 시설
  - 회의 공간
  - 식음료 서비스
  - 전시공간
  - 행정 및 기타 서비스
  - 장비

현장점검표

접근성	환 경
☐ 용이성과 비용	☐ 용이성과 비용
☐ 공항과의 거리	☐ 공항과의 거리
☐ 장애자 접근성	
☐ 택시/리무진 서비스	
☐ 서틀 서비스의 이용과 가격	
☐ 공항 안내	
☐ 개최지로의 항공편 수	
☐ 개최지의 계절 (피크 시즌)	

---

5. 프로모션

- 직접홍보 (Promotion)
  - DM/ 브로슈어/ 서한/ 뉴스레터의 기사나 광고/ 관련 인터넷에 정보 게시/ 전시회 전시참가, 물품 (열쇠고리, 머그잔)

- 간접홍보 (Publicity)
  - 제3자의 출판물에 뉴스 기사나 편집자 논평 게재
  - 미디어 키트/ 보도자료/ 회의/ 주요인물 인터뷰

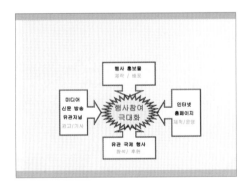

가) 프로모션 도구 제작

- 디자인
- 타이밍
- 메일링 리스트
- 우송료
- 인쇄형태

나) 인쇄물의 내용

- 행사 명칭
- 일시 및 장소
- 주최자
- 목적
- 연사 성명
- 참가비와 포함내용
- 부대행사 및 연회
- 숙박 및 시설 정보
- 활동정보
- 등록 취소시의 환불 범위
- "누가, 왜, 반드시 참석해야 하나?"

II. 회의 개최 단계별 업무

1. 회의 개최 계획

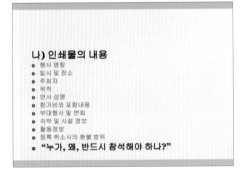

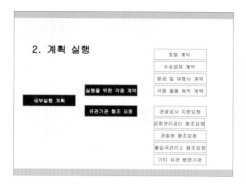

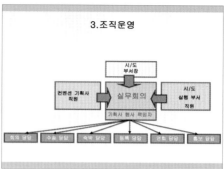

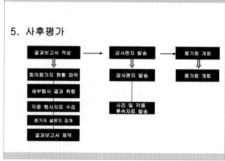

III. 필수 사항

1. 숙박
- 숙박 예약 유형
- 예약 요청 카드
- 숙박자 명단
- 객실 예약 처리 과정

가) 숙박 예약 유형
- 참석자가 직접 숙소 예약 – 단체요금 적용 불가
- 예약 요청에 의해 참석자가 지정 숙소에 직접 예약
- 참석자가 주최 단체의 숙박 부서에 예약하고, 숙박부서는 호텔에 숙박자 명단 제출

라) 객실 예약 처리 과정
- 컷-오프 날짜와 예약 감축
- 특별 블록 예약
- 무료 객실
- 객실 예약 결과 보고서

---

2. 수송
- 항공 수송
- 지상 수송
- 행사전/ 행사후 투어

가) 항공 수송
- 공식 항공사 지정
  - 할인요금
  - 현장조사 항공권(site inspection tickets) 무료/할인
  - 회의 물자 무료/ 할인 수송
- 공식 여행사 지정
  - 프로모션, 예약, 발권, 트래킹

나) 지상 수송
- 지상 수송 업체 선정
- 셔틀 서비스 계약
  - 필요 노선 계획 수립
  - 제안서 요청
  - 필수 내용:
    - 버스 당 최소 요금(기사포함) / 관리비
    - 추가 시간 요금 / 안내표지
    - 배차요원 워키토키 / 배차요원 비용
    - 시간 계산 방법 (차고지 출발 / 행사장 도착)
- 서비스 모니터링

다) 행사전/ 행사후 투어
- 주 행사 프로그램과의 관계
- 도착과 출발 일정과의 관계
- 수송업체? 혹은, 전문 여행사?
- 유료 프로그램과 무료 프로그램
- 정보 제공
  - 소요 시간과 방문지 소개
  - 수송수단(버스, 기차, 항공기 등)
  - 자세한 일정
  - 투어 가격과 포함내용
  - 출발 최소 인원
  - 등록 취소 가능 시한

---

3. 식음료 (F&B)
- 매뉴 계획
- 식사 연회
- 음료
- 비용절감

가) 매뉴 계획
- 계절과 지리적 위치
- 남녀노소의 차이
- 채소와 육류
- 샐러드와 디저트
- 프랜치 서비스와 러시안 서비스
- 종교

종교 별 기피음식	
Muslim	: pork, alcohol
Mormon	: alcohol, caffeine, tobacco
Hindu	: meat, poultry, fish, eggs
Jewish	: pork, shellfish, mixing meat and dairy

나) 식사 연회
- 조찬
- 브레이크
- 오찬
- 리셉션
- 착석 만찬
- 만찬 부페
- 테마 파티

다) 음료
- 와인
- 증류주(Spirits) : well, call, premium
- 맥주
- 비알콜 음료

구매 옵션

Cash or No-Hosted Bar
Open or Hosted Bar

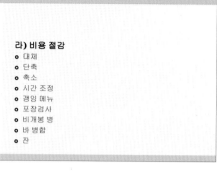

라) 비용 절감
- 대체
- 단축
- 축소
- 시간 조정
- 갱잉 메뉴
- 포장검사
- 비개봉 병
- 바 병합
- 잔

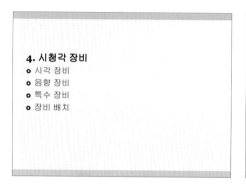

4. 시청각 장비
- 시각 장비
- 음향 장비
- 특수 장비
- 장비 배치

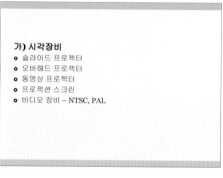

가) 시각장비
- 슬라이드 프로젝터
- 오버해드 프로젝터
- 동영상 프로젝터
- 프로젝션 스크린
- 비디오 장비 – NTSC, PAL

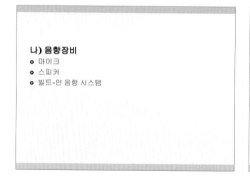

나) 음향장비
- 마이크
- 스피커
- 빌트-인 음향 시스템

다) 특수장비
- 얼티 이미지
- 동시통역기
- 텔리컨퍼런싱

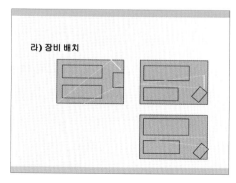

라) 장비 배치

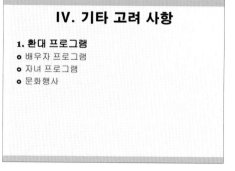

IV. 기타 고려 사항

1. 환대 프로그램
- 배우자 프로그램
- 자녀 프로그램
- 문화행사

가) 배우자 프로그램
- 투어 및 프로그램
- 가격
- 버스수송
- 신청 시한
- 가이드 자격 및 훈련
→ DMC 선정

나) 자녀 프로그램
- 보험가입 및 자격
- 운영시간
- 최대수용 인원
- 일별, 시간별 요금
- 간식, 식사 포함 여부
- 호텔과의 거리
- 장애 아동 시설
- 외국어 통역
→ 전문 아동 보호 기관 이용

다) 문화 행사
- 지역 문화 행사 목록 제공
  - 행사 설명, 일시, 장소, 티켓가격, 지불옵션, 주소, 전화번호, 교통편
- 티켓 주문 방식 선택 (개별구매, 주최측 단체구매)
- 수용가능 숫자 및 티켓 반환 기한 결정
- 참석자 티켓 우송 혹은 등록시 수령

2. 서비스 하청
- 보안 및 안전
- 임시 직원
- 사무실 가구 및 장비
- 꽃 장식
- 사진촬영

자료 출처: 주환명, CMM 아시아태평양도시 관광진흥기구(TPO) 사무국장

제**7**장

컨벤션 서비스 전략

컨벤션 참가자 유치를 위한 서비스 강화전략

현재의 컨벤션 서비스의 문제는 무엇인가?

1. 사교적 연출의 부족

경직된 문화를

참가자들에게까지 강요

만찬 직전의 형식적인 치사,
축사의 연속으로
경직된 컨벤션 참가자들의 굳은 표정

- 환영사, 축사 등의 공식행사나 사교행사의
  시작이 지나치게 경직되어 연출
- 즐거워야 할 사교행사가 딱딱한 분위기에서
  벗어나지 못하고 있음

현재의 컨벤션 서비스의 문제는 무엇인가?

2. 참가자 문화의 이해부족 – 국제화된 마인드가 부족

권위주의적이고 일방적인
조회분위기의 국내개최 한 컨벤션의
개막식 및 환영연회 현장

관료주의의 표현장소

- 참가자들을 친목과 사교의 분위기로
  유도하는데 필요한 국제화된 마인드 부족
- 참가자들의 사교수준을 극대화하는데
  국제적인 안목이 필요

현재의 컨벤션 서비스의 문제는 무엇인가?

3. 엔터테인먼트의 개념부족

오스트리아 관광교역전 개막식에서
끝쳐진 바디페인팅 퍼포먼스의 모습

국가적 특성에 맞고

참가자의 만족을 극대화하는 연출의 묘 필요!

- 참가자들을 특정 시간대에는 즐겁고
  흥겨우며 친해지기 쉬운 분위기로 유도할
  수 있는 엔터테인먼트 요소 필요
- 보여주고 끝나는 관람형 보다는 어울려
  참가하는 참여형 프로그램이 필요
- 공식행사나 사교행사나 구분 없이 진정한
  엔터테인먼트가 결여

컨벤션 참가자 유치를 위한 서비스 강화전략

현재의 컨벤션 서비스의 문제는 무엇인가?

4. 프로그램의 문제보다는 진행상의 연출의 묘가 부족

축제분위기로 진행되는 오스트리아 관광 교역전의 현장

프로그램을 인상적이고 사교적인 분위기로 진행시키는 운영의 묘가 부족

경직된 프로그램의 진행은 참가자의 지루함을 더해 줌

참가자의 단합을 도모하는 이벤트연출이 필요

컨벤션 참가자 유치를 위한 서비스 강화전략

현재의 컨벤션 서비스의 문제는 무엇인가?

5. 컨벤션의 축제화 실패

컨벤션을 축제적인 분위기로 진행하는 연출력이 필요

축제적인 분위기속의 회의는 참가자들에게 여유로움과 친근함을 주기 적합

회의 종료 후에도 강한 만족감으로 참가자 재 방문을 유도하는 기획전략

컨벤션 참가자 유치를 위한 서비스 강화전략

현재의 컨벤션 서비스의 문제는 무엇인가?

6. 사교행사의 중요성 및 우선순위의 저조

사교행사는 컨벤션 참가 목적의 1순위라고 볼 수 있음

참가자간의 상호이해, 친목증진, 주최국의 문화소개로 회의 성공의 필수 요소가 됨

행사 별 시나리오를 작성하여, 참가자에게 기승전결의 오감의 만족도를 극대화 함

컨벤션 참가자 유치를 위한 서비스 강화전략

현재의 컨벤션 서비스의 문제는 무엇인가?

7. 개최지 이미지 각인노력 미약

컨벤션 유치증대는 1차적 목표이며,
유치 후 개최효과의 극대화가 필요함

← 한국의 이색적인 종묘대제의 진행 모습

컨벤션 개최 전후 주변에서 열리는 축제 및
이벤트는 참가자에게 즐거움과 만족감을 줄 것

컨벤션 참가자 유치를 위한 서비스 강화전략

현재의 컨벤션 서비스의 문제는 무엇인가?

8. 기타 컨벤션 서비스의 문제점

- 재 방문 유도를 위한 사후 조치 결여
- 회의 후 사후 관리의 중요성 인식 부족
- 개최 효과 평가의 단순성
- 회의 전 후 관광 프로그램 운영의 전문적 준비 부족

컨벤션 참가자 유치를 위한 서비스 강화전략

필요한 컨벤션 서비스 전략은 무엇인가?

1. 연출적 요소를 가미하라!

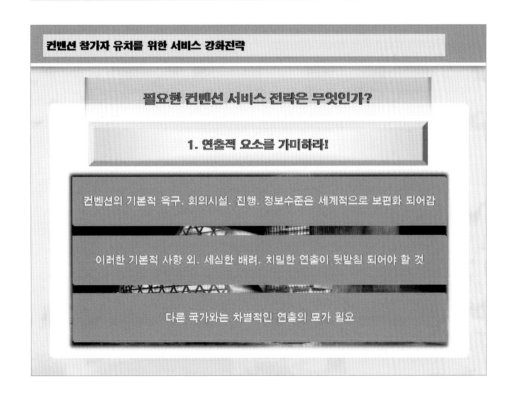

- 컨벤션의 기본적 욕구. 회의시설. 진행. 정보수준은 세계적으로 보편화 되어감
- 이러한 기본적 사항 외. 세심한 배려. 치밀한 연출이 뒷받침 되어야 할 것
- 다른 국가와는 차별적인 연출의 묘가 필요

필요한 컨벤션 서비스 전략은 무엇인가?

2. 컨벤션 진행 상의 기승전결의 연출력 강화 필요성

오스트리아 관광교역전 개막행사에서 행사장 천장으로부터 로프를 타고 내려오며 사회를 보는 티롤 주 관광국장의 모습

참가자의 뇌리에 오랜 기억으로 남을 형식 파괴이자 산악관광 지역인 티롤 주의 특징을 살린 연출 사례

참가자들이 마치 영화나 하나의 드라마처럼 인식되게 기승전결의 감동을 선사할 것

필요한 컨벤션 서비스 전략은 무엇인가?

3. 전문적 Convention Actor 로 인식하자!

참가자들이 컨벤션에 참여하는 배우로써 인식되도록 하라!

무대를 통해 서로 감동 받고 친화할 수 있는 컨벤션 소비자가 되게 하라!

회의에 참여하는 참가자가 얼마나 능동적으로, 자연스럽게 참여하는 가가 성공의 열쇠!

필요한 컨벤션 서비스 전략은 무엇인가?

4. 인적 네트워크를 강화

오스트리아 관광교역전 개막식에
참여한 참가자들

자유로운 분위기에서 담소를 나누며
개막식행사를 기다리고 있음

참가자들의 친목강화와 네트워크 형성의
결과는 국가 및 도시의 이미지를 강하게
부각시키고 오래 지속하게 만듬

제8장

컨벤션 기획 사례

2012
아시아법제포럼
기획 사례

AFOLIA
2nd Asian Forum of Legislative Information Affairs

I 참가자 초청

1. 해외초청

가. 초청 프로세스

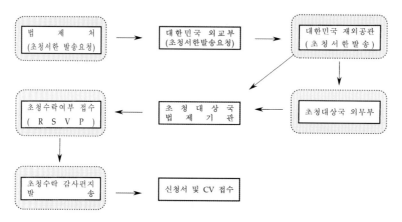

※ 붙임: 참가안내 서신
   (1. 초청장, 2. 등록 신청서양식)

___ ___ , 2012

H.E. ____,

Your Excellency,

This is Jeong, Sun-Tae, Minister of Government Legislation of the Republic of Korea. It is my honor to send you this letter.

The Ministry of Government Legislation (MOLEG) has served as the hub of a fair legal administration system premised on the rule of law suitable for safeguarding people as the competitive national development.

The primary functions of MOLEG are to review and examine all legislative bills drafted by other ministries, the President, the Prime Minister and among others. In particular, we also offer interpretive services related to the application or enforcement of the statutes on specific cases.

Over a 60 year period, MOLEG has substantially contributed to promoting sustainable economic growth, democracy, and civil society in Korea through continuous legislative enhancement.

To pursue co-prosperity and stability in Asia by sharing legislative information and experiences with other Asian nations, MOLEG convened "the 1st Asian Forum of Legislative Information Affairs (AFOLIA)" in November 2011.

The forum witnessed the tangible potential for an effective inter-governmental network through efficient exchange of legislative information. It is also reflected in a large of participants: over 2,500 attendees including 150 legislators drawn from Asian nations and representatives from their respective diplomatic missions in Korea.

In order to continue to facilitate a healthy exchange of legislative experiences and to consolidate the existing cooperative relationship among Asian nations, MOLEG is to hold "the 2nd AFOLIA" from June 27 to 29, at KINTEX in Ilsan, Gyeong-gi province.

The 2nd AFOLIA will specifically focus on several issues for cooperative economic and social development in Asia at "The main sessions" such as:

- Legal Challenges faced by foreign companies entering into Korean market

- Participation in Legislation and Enhancement of Legislative Service utilizing IT technology-driven E-Government system
- Multi-Cultural Family Policy and Legislation

We are also to discuss several timely issues and topics including modernization of rural areas and Medium-Sized Enterprises in the aspect of legislation at "The thematic sessions".

Indeed, it is hoped that these issues will be of acute interest to many of Asian nations. We would like to have an opportunity to discuss these issues and share valuable legislative information with legislative representatives of each Asian nation.

And it is my great honor to invite you to the 2nd AFOLIA. For your reference, we have attached a detailed program, key agendas, side events and financial arrangement for distinguished guests.

I hope very much that it may be possible for you to accept this invitation and to visit Korea where it would give us the greatest pleasure to welcome you. In case you would not be able to attend the forum, we also welcome the participation of other representatives of your country.

Your generous sharing of legislative information and opinions will be an invaluable contribution to the successful hosting of the 2nd AFOLIA.

Please accept, Your Excellency, the assurances of my highest consideration, together with the expression of my warm personal regard.

Sincerely,

Minister of Government Legislation, the Republic of Korea

※ 붙임 2: 등록신청서 양식

2nd Asian Forum of Legislative Information Affairs

Registration Form (For Delegation)

To register, please complete the registration form below and send it to the registration office via fax or email by _____,2012.

1. Personal Information ((*) character denotes optional fields.)

Title	☐ Mr. ☐ Ms. ☐ Mrs. ☐ Dr. ☐ Prof. ☐ etc., please specify: (	)
Name of participant *(Exactly as in passport)*	First Name	Last Name
Preferred Name on Badge		
Country		Nationality
*State (for Federal Nation)		
Organization (Institution)		
Position		
Address		
Zip / Postal Code		
Telephone Number		Fax Number
E-mail		
Category	☐ Government ☐ Other Institution(	)
ID Photo	Please attach your photo when you send the registration form via email. - You can also send your photo via fax not to use ID Photo format - color photo taken within past 6 months	
Special Dietary Needs	☐ None ☐ Vegetarian ☐ No Beef ☐ No Pork ☐ Other (e.g. Allergy, Disability, etc.) (	)
*Other Special Requirements		
Invitation Letter	☐ Need ☐ No Need * Inform us documents in advance if you need them to apply for a visa(	)
Passport Number		

Accompanying Person 1

Title	☐ Mr. ☐ Ms. ☐ Mrs. ☐ Dr. ☐ Prof. ☐ etc., please specify: (	)
Name (Exactly as in passport)	First Name	Last Name
Preferred name on badge		
Special Dietary Needs	☐ None ☐ Vegetarian ☐ No Beef ☐ No Pork ☐ Other (e.g. Allergy, Disability, etc.) (	)
Invitation Letter	☐ Need ☐ No Need	
Passport Number		

Accompanying Person 2

Title	☐ Mr. ☐ Ms. ☐ Mrs. ☐ Dr. ☐ Prof. ☐ etc., please specify: ( )	
Name (Exactly as in passport)	First Name	Last Name
Preferred name on badge		
Special Dietary Needs	☐ None ☐ Vegetarian ☐ No Beef ☐ No Pork ☐ Other (e.g. Allergy, Disability, etc.) ( )	
Invitation Letter	☐ Need	☐ No Need
Passport Number		

2. Flight Information

If your flight schedule hasn't been fixed yet, please update it by _____, 2012.

	Arrival in Korea		Departure from Korea	
Flight Number				
Date / Time	June _____,2012/(Hour/Minute)_____		June _____,2012/(Hour/Minute)_____	
Airport	☐ Incheon	☐ Gimpo	☐ Incheon	☐ Gimpo

3. Attendance for Social Programs and Official Tours

Please indicate programs you plan to attend. (*The programs are provisional and subject to change.)

Social Programs

Date	Time	Program	For Participant	For Accompanying Person
26 June (Tue)	18:00-20:00	Welcome Dinner	☐ Attend ☐ Not Attend	☐ Attend ( ) Persons ☐ Not Attend
27. June (Wed)	12:00-13:30	Luncheon(1)	☐ Attend ☐ Not Attend	☐ Attend ( ) Persons ☐ Not Attend
27 June (Wed)	18:30-20:00	Official Dinner	☐ Attend ☐ Not Attend	☐ Attend ( ) Persons ☐ Not Attend
28. June (Tur)	12:00-13:30	Luncheon(2)	☐ Attend ☐ Not Attend	☐ Attend ( ) Persons ☐ Not Attend
28. June (Tur)	18:30-20:00	Gala Dinner	☐ Attend ☐ Not Attend	☐ Attend ( ) Persons ☐ Not Attend

Official Tours (please check a course where you want to join.)

Date	Time	Program	For Participant	For Accompanying Person
29 June (Fri)	10:00-16:00	T.um in SK Telecom / Cyber Agricultural Exhibition Hall and other research Institute(COURSE A)	☐ Attend ☐ Not Attend	☐ Attend ( ) Persons ☐ Not Attend
29 June (Fri)	10:00-16:00	T.um in SK Telecom / SAMSUNG Electronics(COURSE B)	☐ Attend ☐ Not Attend	☐ Attend ( ) Persons ☐ Not Attend

Acceptance & Signature: I certify that everything I have stated in this registration form is correct.
Date: Signature:

영접·영송

1. 기본 개요

   ○ 기간 : 2012. 6. 25(월)~7. 2(월)/8일간
   ○ 대상 : 해외 장·차관급 참석자, 외국 실무자급 참석자 등
   ○ 방법 : 전문 의전·수송업체를 통한 CIQ 영접·영송 및 수송

2. 운영방침

가. VIP(장·차관급)

   ○ CIQ의전 : VIP예우를 위하여 법제처 심의관, 국장급 영접·영송,
                      입출국 사전수속 및 수화물 서비스, 공항귀빈실 사용
   ○ 차량지원 : 에쿠스(VS380) 의전차량 제공(리에종 수행)

구 분	수 량	횟 수
입·출국 공항 CIQ의전	9개국	2회(영접·영송)
전용 의전차량 (에쿠스VS 380)	9대	2일 ~ 6일간
리에종	9명	

나. 일반참관객(실·국장급)

   ○ 공항 영접데스크의전 : 피켓환영
   ○ 차량지원 : 공항 택시 이용 호텔이동

구 분	내 용
위치	입국장 중간지점 1개소(#44번)
운영시간	오전 6시 ~ 오후 9시(비행 스케줄에 따라 유동적)
인력	안내데스크 상주 4명

3. 영접 · 영송 프로세스

가. 장차관급(VIP) 영접

사전준비
- 항공사에 따른 게이트 확인(CIQ업체)
- 귀빈실 배정 확인(CIQ업체)

↓

영접 대기
- 30분전 귀빈주차장 차량대기(동측/서측 확인)
- 10분전 로딩브릿지 대기
   심의관·국장급 영접관(1), 공항의전팀(1), CIQ업체(2),
   킨텍스(1)

↓

Gate 환영인사
- 환영인사(영접관, 공항의전팀, CIQ업체)
- 장관 여권, 입국카드, 수화물표, 검역증명서(필요시)
   수령(CIQ업체, 킨텍스)

↓

입국 수속
- VIP 사전수속 및 수행원 수속절차 진행(CIQ업체)

↓   → | 귀빈실 이동 |
- 귀빈실 대기(리에종)
- 귀빈실 안내(의전팀, CIQ업체)
- 영접관 환담

수화물 수취
- Baggage Claim확인(CIQ업체, 수행원)

↓

차량 적재
- 수화물 차량적재 및 귀빈실 확인 전화
   (CIQ업체, 수행원)

↓

호텔로 출발
- 수행원 귀빈실 이동 및 보고
- VIP탑승 및 출발(리에종)
- 출발 후 호텔 영접팀 전화연락(CIQ업체)
- KIT Bag(서울관광안내서, 힐튼호텔 지도 등) 전달(리에종)

↓

행사
- 개별 스케줄 확인 및 차량 운영(리에종)

↓

출국정보 입수
- 출국정보 사전파악, 호텔출근시간 공지(리에종)
- 차량 대기, 영접관 스케줄 확정(법제처, CIQ업체)

나. 장차관급(VIP) 영송

행사중 확인	- 항공 스케줄 확인 - 당일 스케줄 확인(호텔 출발 or 기타 스케줄 유무) - 호텔 출발시간 사전조율(리에종)

↓

공항준비	- 영송 담당자 공항 도착(1시간 30분 전) - CIQ패스 및 기본 자료 수령

↓

VIP이동	- 호텔 출발 시 공항팀 연락(리에종) - 영종 대교 도착 시 공항 팀 연락(리에종) - 공항 진입 시 공항팀 연락(리에종)

↓

귀빈실 영접	- 영송 담당관 귀빈실 도착(VIP도착 30분전) - 귀빈 주차장 대기(킨텍스, CIQ업체) - VIP 도착 후 귀빈실 안내 - 귀빈실 환담(20분정도)

↓

체크인 수속	- 사전 탑승 수속(CIQ업체, 수행원) - 사전 출국심사, CIQ지역이동(CIQ업체, 수행원) - 사전 수속 완료 후 귀빈실 연락(CIQ업체) - VIP 이동

↓

영송 (환영홀 앞)	- 영접관과 인사 후 영송종료

4. 숙박운영

가. 숙박업무 프로세스

사 전 작 업	- 호텔객실 Blocking
↓	
참가확정	- Registration Form 접수 - 참가자 요구사항 및 특이사항 정리 (Check-in/out, Room Share, 기타 특이사항)
↓	
호텔 예약	- Room Type, 지불정보, 특이사항 등 호텔전달
↓	
최종 확인	- Early Check-in, Check-in/out 일자 확인(항공권 대조) - 특별 요청사항 확인
↓	
Check-in	- KIT 준비 및 Rooming List 정리

나. 안내데스크 운영(핫라인 구축)

[호텔 1층 로비]

○ 설치위치 : 호텔 로비 중앙부위

○ 주요업무 : 참가자 Check-in 협조, 출국 및 행사장 교통편 안내 등

○ 운영인력 및 시간 : 1명(영어 가능자) / 07:00 ~ 21:00

III 환영만찬

1. Welcome Dinner 개요

가. 개 요
- ○ 일   시: 2012년 6월 26일 (화), 18:30~21:00
- ○ 장   소: 그랜드 힐튼, 에메랄드 A
- ○ 연회형식: Cocktail Reception & Sit-down Dinner
- ○ 참가대상: 66명(법제처장, 차장, 국장/참가국 대표자/공동주최주관장)
- ○ 메   뉴: 칵테일 메뉴/Western Set 메뉴/ 음료
  ※ 특이식단자를 위한 Vegetarian 메인 메뉴 준비 (생선 및 야채)

나. 환영 만찬 프로그램

구분	시간	내용	비고
사전준비	13:00~16:00	· 점검/Stand-by	
	16:00~18:00	· 공연단 리허설	
등록	18:00~19:00	· 등록	
입장 및 칵테일파티	18:30~19:00	· 참가자 입장	
사회자 인사 및 오프닝 멘트	19:00~19:02 (02')	· 사회자 인사 · 행사 시작 멘트	
문화 공연 *	19:02~19:22 (20')	· 피아노 3중주/플룻독주	
환 영 사	19:22~19:27 (05')	· [환영사] 법제처장	
축 사 1	19:27~19:30 (03')	· [축사1] 우크라이나 장관	
축 사 2	19:30~19:33 (03')	· [축사2] 베트남 차관	
축 사 3	19:33~19:36 (03')	· [축사3] 법무부 차관	
축 사 4	19:36~19:39 (03')	· [축사4] 행안부 차관	
건배제의	19:39~19:41 (02')	· [축배제의] 한국공법학회장	
만찬 및 담소	19:40~21:00 (80')	· 만찬	BGM
환송	21:00~	· 사회자 종료 멘트	

2. Welcome Dinner 세부실행

가. 일정 및 Action plan

시간	구분	위치	업무	비고
25일		셋팅	안내데스크(전화/랜): 오후5시 ~ 외부배너: 20:00 ~ 내부배너: 20:00 ~	
~09:00		사전 준비	의전요원 배치 영접 운영 점검	킨텍스 PCO
09:00~18:00	호텔 영접 운영	영접 총괄	영접 총괄 진행	법제처
		주차장 영접		힐튼
		Check-in 안내	숙박 안내, 행사안내	법제처
		동선 안내	호텔 입구-->룸 엘리베이터--> 만찬장 (엘리베이터앞)	킨텍스
				법제처
		안내데스크	행사 안내, 호텔 숙박, 수송 정보 안내	의전
13:00~16:00	사전	사전 준비	기자재, 룸셋팅 완료	킨텍스 PCO
16:00~18:00		공연단 리허설	영재교육원 리허설	
18:00~	등록 및 리셉션	운영 총괄		법제처
		진행 총괄		킨텍스 PCO
		로비	등록데스크: 방명록, 코사지, 네임텍 운영	의전
			출연진 관리 (사회자, 개회사, 축사등)	법제처
			공연단 관리	법제처
			해외 장차관 VIP 관리	킨텍스PCO
			VIP 관리	법제처
			참가자 최종 점검 및 명패 확인	킨텍tmPCO
			영접 및 칵테일 리셉션 진행	법제처
19:00~	환영 만찬	행사장 내부	자리안내	킨텍스PCO
				법제처
				의전
~21:00		환송		

나. Layout

룸 배치도: 에메랄드 A (8 Table * 8 seats = 64 seats)

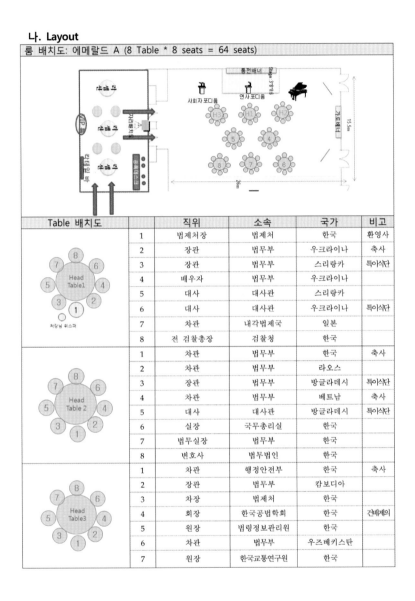

Table 배치도		직위	소속	국가	비고
Head Table1	1	법제처장	법제처	한국	환영사
	2	장관	법무부	우크라이나	축사
	3	장관	법무부	스리랑카	특이식단
	4	배우자	법무부	우크라이나	
	5	대사	대사관	스리랑카	
	6	대사	대사관	우크라이나	특이식단
	7	차관	내각법제국	일본	
	8	전 검찰총장	검찰청	한국	
Head Table 2	1	차관	법무부	한국	축사
	2	차관	법무부	라오스	
	3	장관	법무부	방글라데시	특이식단
	4	차관	법무부	베트남	축사
	5	대사	대사관	방글라데시	특이식단
	6	실장	국무총리실	한국	
	7	법무실장	법무부	한국	
	8	변호사	법무법인	한국	
Head Table3	1	차관	행정안전부	한국	축사
	2	장관	법무부	캄보디아	
	3	차장	법제처	한국	
	4	회장	한국공법학회	한국	건배제의
	5	원장	법령정보관리원	한국	
	6	차관	법무부	우즈베키스탄	
	7	원장	한국교통연구원	한국	

다. 인력운영

구분		법제처	킨텍스		의전지원	진행요원	협력업체
			PCO	지원			
26일	호텔 영접	4	2	-	1	-	(1)
	VIP-환영만찬	7	5	-	4	-	힐튼 3명

라. 업무분장

항목		업무내용	담당자	명수	비고
호텔영접	법제처	운영총괄	1명	4명	
		영접 동선 안내	2명		
		Check-in 안내	1명		
	킨텍스	진행총괄	1명	2명	
		영접 동선 안내	1명		
	의전지원	호텔 안내 데스크 운영	호텔리에종	1명	
		6명			
환영만찬	법제처	운영총괄	1명	7명	
		VIP 관리	1명		
		출연진 관리	1명		
		환담보조,자리안내	2명		
		처장님/차장님 위스퍼	2명		
	킨텍스 PCO	진행총괄	1명	5명	
		VIP 관리	1명		
		자리안내	1명		
		등록데스크	1명		
		행사장 운영	1명		
	의전지원	등록데스크 (코사지/네임텍/방명록 운영)	의전 #1/ 의전 #2	4명	
		행사장 자리안내	의전 #3/의전 #4		
	힐튼	총괄	1명	3명	
		음향/조명	힐튼1		
		공연팀 보조	힐튼2		
		20명			

마. 현장 사진

환영 만찬 로비 전경

등록데스크

자리배치도

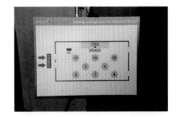

자리배치도

칵테일 리셉션

환영만찬 전경

한국예술영재교육원 공연

[환영사] 정선태 법제처장

Ⅳ 등록

1. 등록 운영

가. 등록 관리

구분	등록 방법 및 관리	비고
사전등록	① 등록 방법 - 온라인 : http://afolia.moleg.go.kr/kr 참가신청 - 오프라인 : 해외 참관객 정보 입수 후 온라인 직접 입력 ② 등록 관리 - 참가자, Delegate, Speaker, VIP 등 등록 카테고리 구분 ③ 사전 관리 : 카테고리별 명찰 출력 ④ 현장 관리 - 참가자 확인 (컴퓨터 및 리스트(출력물) 참석여부 체크) - **참가자 확인 후 명찰 배부 및 비표 부착** ***명찰(일반참가자: 점심 쿠폰 및 Kit bag 쿠폰 포함)** ⑤ **VIP 관리** : 장차관급 명찰 및 Kit bag 미리 사전 배부	
현장등록	① 등록 방법 - 참가신청서 배부 후 현장등록 - 참가자 확인 후 데이터 입력 - 명찰 배부 및 비표 부착 ***명찰(일반참가자: 점심 쿠폰 및 Kit bag 쿠폰 포함)**	
KIT Desk	① 사전 관리 - 인쇄물 및 기타 배포물 확인 - 인쇄물 및 배포물 창고 입고 - **Kit 작업** ② **현장 관리** : Kit 쿠폰 수령 후 Kit bag 배부	

나. Kit bag 내용

구분	해외귀빈 Kit Bag	VIP Kit Bag	일반참가자 Kit Bag
수량	70개	350개	1,500개

다. 인력운영

구분	업무내용	명수	비고
법제처	등록총괄	1명	
사무국	총괄	1명	
	사전/현장/VIP 부스 관리	1명	
등록요원 (TMS)	TSM 인력 및 기자재 관리	1명	
	TSM 인력 및 기자재 관리	1명	
	사전/VIP/현장 부스 운영	40명	2일간
진행요원	KIT 데스크	4명	

2. 현장 등록 부스

○ 등록부스 시안

현장등록 3부스

사전등록 6부스

Speaker & Press 1부스
VIP & Delegate 1 부스

Fill-up desk

안내 부스

1. 개회식 및 본회의 개요

가. 기본 개요

- ○ 일   시: 2012년 6월 27일(수), 10:30~11:00/11:00~12:00
- ○ 장   소: KINTEX, 3F 그랜드 볼룸
- ○ 공식언어: 영어(통역부스: 영-한)
- ○ 룸 형 식: Class room 484석 + 극장식 1,000석
- ○ 참 가 자: 약 1,400명

나. 구성 Flow

영접 및 총리환담	개회식	본회의
09:00~10:30	10:30~11:00	11:00~12:00

▪ 행사장 stand-by
▪ 등록데스크 운영
▪ VIP 영접
 - 주차장->1F VIP실 이동
 - 1F VIP 귀빈실 운영
▪ 총리환담 [VIP실]
 - 총리/장·차장/내빈
▪ VIP 이동
 - 1F VIP실 ->3F 그랜드 볼룸
	▪ 오프닝 멘트
	▪ 주요 VIP 입장
	 - 총리환담 인사 중 외국
	  차관 등 입장
	▪ RVIP 입장
	 - 총리, 법제처장, 외국 장관
	▪ 개회선언 (1')
	▪ 행사 동영상 (5')
	▪ 주요VIP소개(3')
	▪ 개회사 (3')
	▪ 축사 (3')
	▪ 치사 (5')
	▪ 총리퇴장
	 - 주요 VIP 환송
	▪ 개회식 종료 선언 및
	  본회의 안내
		▪ 장내 정리 안내
		▪ 오프닝 멘트
		▪ 각국 장관 인사말씀(5개국)
		▪ 기조연설자 소개
		▪ 기조 연설
		▪ 폐회선언
		▪ VIP 이동
		 - 오찬장

3. 개회식 및 본회의 운영

가. 세부 프로그램

구분		시간	내용	비고
최종점검		07:00~09:00	▪ 최종 점검 ▪ All Saff stand-by	
등 록		09:00~10:00	▪ 등록/비표 데스크 운영	
일반입장		09:00~10:00	▪ 참가자 입장 및 착석 안내	
VIP 영접 및 총리 환담	입구 영접	09:00~10:30	▪ 주차장 --> 1F VIP 실 이동	
	1F VIP실 영접	09:00~10:30	▪ VIP 입장 및 착석 안내 ▪ 주요인사 영접 후 VIP룸 대기 ※방명록 서명 및 코사지 패용	
	총리 환담	10:20~10:30	▪ 총리, 주요 VIP, 각국 장차관	
	VIP 이동	10:30	▪ 1차: 외국 차관 등 ▪ 2차: 국무총리, 법제처장, 외국 장관	
개회식 10:30~ 11:00	장내 정리멘트	10:25~10:30	▪ 사회자: 장내 정리 멘트	
	오프닝 멘트		▪ 사회자: 개식 멘트와 프로그램 진행 일정 소개	
	VIP 입장	10:30~10:35 (5')	▪ 외국차관/내빈 입장 ▪ 자리 착석 안내	
	RVIP 입장		▪ 국무총리 입장 (법제처장, 외국장관) ▪ 자리 착석 안내	
	개회선언	10: 36 (1')	▪ 사회자: 개회선언	
	행사동영상	10:36~10:40 (5')	▪ 아시아법제포럼의 개요	
	주요 VIP 소개	10:41~10:48 (3')	▪ 사회자: 주요 VIP 소개	
	개회사	10:48~10:50 (3')	▪ 사회자: 개회인사 소개 ▪ 개회사: 법제처장	
	축사	10:51~10:53 (3')	▪ 사회자: 축사 인사 소개 ▪ 축 사: 한국공법학회 회장	
	치사	10:54~10:59 (5')	▪ 사회자: 치사 인사 소개 ▪ 치사: 국무총리	
	RVIP 퇴장	11:00 (1')	▪ 국무총리 퇴장 및 환송	
	개회 종료		▪ 개회종료 및 감사 인사	
	본회의 안내		▪ 본회의 진행 안내멘트	
본회의 (11:00~ 12:00)	장내정리 멘트	11:01 (1')	▪ 사회자: 장내 정리 멘트	
	오프닝 멘트	11:02 (1')	▪ 사회자: 본회의 시작 멘트	
	인사말씀	11:02~11:42 (40')	▪ 주요 참가국 인사 말씀	
	기조연설자 소개	11:42~11:43 (1')	▪ 사회자: 기조연설자 소개	
	기조연설	11: 43~11:53 (10')	▪ 기조연설자: 최대권 교수	
	Closing 멘트	11:54~11:56 (2')	▪ 본회의 Closing 멘트 ▪ 감사인사 및 프로그램 일정 소개 ▪ 오찬장소 이동 안내	

나. 행사장 구성

그랜드볼룸 행사장 구성

구분	내용
	• 통천배너 (12*7)
국기	• 참가국 국기 봉 (30개)
	• 목공 스크린 200˝
	• 포터블 스크린 200˝
	• 빔 프로젝트 (10,000)
	• 연사 포디움
	• 사회자 포디움
	• 계단 (4*1)
	• 통역 부스
	• 콘솔 (중계/음향/조명)
	• ENG 카메라 2대
	• 일반 참가자 출입문
	• VIP 입장 출입문
	• 포토라인
	• VVIP 석 (총리/장차관/기조연사 등)
	• VIP 석 (국내 내빈/ 대사관) • 역류관 • 국외 장차관 수행자
	• Press 석

좌석 구분

GBR-A : Class 484석		비고	GBR-B : Theater 1000석
- VVIP 석	40석	(3+2+2+3)*2명 *2셋트	
- VIP 석	60석	(3+2+2+3)*2명 *3셋트	
- Press 석	24석		
- 일반석	360석	(3+3+2+2+3+3)*2명*12셋트	

* 무대 앞 포토 제한 구역 표시필요 (차단봉)

참가국기 순서: 총 36장 [참가국31장, 행사 엠블렘2장, 주최3장]

1	AFOLIA엠블렘	13	Japan	25	Oman
2	Republic of Korea	14	Jordan	26	Pakistan
3	AFOLIA엠블렘	15	Kazakhstan	27	Philippines
4	Australia	16	Kuwait	28	Qatar
5	Azerbaijan	17	Laos	29	Saudi Arabia
6	Bangladesh	18	Malaysia	30	Singapore
7	Brunei	19	법제처	31	Sri Lanka
8	Cambodia	20	경제·인문사회연구회	32	Thailand
9	China	21	한국공법학회	33	Ukraine
10	India	22	Mongolia	34	U.A.E
11	Indonesia	23	Myanmar	35	Uzbekistan
12	Iraq	24	New Zealand	36	Vietnam

다. 무대 시안

무대 시안 -전면 (통천 배너 12*7 및 목공 스크린 200")

콘솔 박스 - 후면

총 만국기 36장 [참가국31장, 행사 엠블렘2장, 주최3장]

4. 개회식 및 본회의 세부 실행

가. VIP 의전 Action Flow 및 업무분장

시간	구분	위치	업무	담당자	
Stand-by 08:00~09:00	사전 준비	▪ 인력관리	▪ 의전요원 배치 ▪ 진행요원 배치 ▪ 코사지 및 방명록준비	킨텍스 PCO	2명
운영 09:00~10:30	VIP 영접 운영	▪ VIP 차량관리	▪ 차량 진입 확인 (gate2)	법제처 킨텍스 지원	2명
			▪ VIP 주차장 진입로	법제처 킨텍스 지원	2명
			▪ VIP 주차장 관리	법제처 진행요원	4명
		▪ 현관영접 (5A Hall)	▪ VIP 차량 도어 관리	킨텍스 지원	1명
			▪ VIP 영접	법제처 킨텍스 PCO	3명
			▪ VIP 룸 이동	킨텍스 PCO 의전지원	4명
		▪ 1F VIP	▪ 5번게이트부터	법제처	1명
			▪ 코사지 착용 및 방명록	법제처 도우미	3명
운영 10:20~10:30	환담	▪ 1F VIP 내부	▪ 환담	법제처	1명
			▪ 법제처장 보좌	법제처	1명
			▪ 사진촬영		1명
			▪ 음료관리		2명
운영 10:30	이동	▪ 1->3층 이동	▪ 장차관 및 주요 VIP	법제처 킨텍스 PCO 의전	5명
			▪ VVIP 이동	법제처 킨텍스 PCO 의전지원	5명
		▪ ELEV 1층	▪ 1층 홀딩	진행요원	1명
		▪ ELEV 2층	▪ 2층 홀딩	진행요원	1명
		▪ ELEV 3층	▪ 3층 홀딩	진행요원	1명
11:00	개막식	▪ 총리 퇴장 3F->1F	▪ 총리 환송	총리실 수행팀 및 의전팀	
12:00	오찬장 이동	▪ 3--> 2층 3> Mou체결정	▪	확인사항	

좌석 구분			
GBR-A : Class 484석		대상	비고
VVIP 석	40석	총리/호스트/각국 장차관/ 기조연설자/대사관/귀빈	*아래참조
VIP 석	60석	기타 귀빈 / 연사/ 연락관/ 해외 수행원 등	
Press 석	24석		Press명패/ 멀티탭

나. 좌석 배치도

○ VVIP 석(40석)

무대

○ 헤드테이블

20	13	16	14	12	10
권익위부위원장	농촌진흥청장	베트남법무차관	우즈베키스탄법무차관	라오스차관	사법연수원장

8	6	4	2
우크라이나법무장관	스리랑카법무장관	캄보디아법무장관	방글라데시법무장관

1
국무총리

3	5	7
법제처장	한국공법학회장	국무총리실사무차장

9	11	13	15	17	19
중국법제판공실부주임	일본내각법제차장	경제·인문사회연구회사무총장	의정부지방법원장	의정부지검검사장	법무부법무실장

40	38	36	34	32	30
UAE연락관	태국실무자	오만실무자	미얀마실무자①	말레이시아실무자①	브루나이연락관

28	26	24	22
아제르바이잔연락관	우크라이나대사	스리랑카대사	방글라데시대사

21	23	25	27
국무총리실실장	공보실장	의전관	국무총리실

29	31	33	35	37	39
사법연수원석좌교수	기조연설	고양지원장	고양지청장	중앙행정심판위원회위원장	요르단실무자

다. 인력운영

구분	법제처	킨텍스 PCO	킨텍스 지원	의전지원	진행요원	협력업체
VIP 영접	10명	2명	3명	5명	6명	2명 사진1명
개회식 운영	9명	3명	4명	1명	6명	20명

라. 업무분장

구분		업무내용	담당자	명수	비고
VIP 영접	법제처	의전 영접 총괄		1	
		VIP실 영접 (환담)	법제처장	2	보좌포함
		VIP실 앞 영접		2	
		차량 관리		4	
				9	
	킨텍스 PCO	5A Hall 현관 영접		2	
	킨텍스 지원	5A Hall 현관 영접	보완소장	1	
		차량 관리- 진입	보완요원1,2	2	
				5	
	의전요원	VIP앞 영접 (코사지 및 방명록)	도우미#1,#2	2	
		5A Hall 현관영접	의전#3,#4,#5	3	
				5	
	진행요원	VIP 동선 -1/2/3 ELEV 홀딩	진행요원 #1,#2,#3	3	
		VIP 차량 관리 (지원)	진행요원 #4,#5,#6	3	
				6	
	협력 업체	사진 촬영		1	사진
		음료 관리		2	한화
				3	
총계		28			

구분		업무내용	담당자	명수	비고
개회식	법제처	전체 총괄		1	
		연출 관리 (무대/영상 등)		1	
		연사 관리(출연진및발표자료)		1	
		운영관리(VVIP/VIP 석 좌석 준비 및 안내	3명	3	
		일반 참관객 좌석안내	3명	3	
				9	
	킨텍스 PCO	행사장 연출 총괄(협력업체및진행인력)		1	
		운영관리(VVIP/VIP석 좌석 준비 및 안내)		1	
		VVIP 및 인력관리(통역사, 리에종)		1	
				3	
	킨텍스 지원	연출-무대		1	
		연출-음향		1	
		연출-조명		1	
		연출-통역시스템		1	
				4	
	의전(진행)요원	무대 등,하단 안내	도우미 #1 #2 (중복)	2	
		VVIP/VIP 석 좌석 안내	운영7~9	3	
		일반참관객 좌석 안내	운영 10~12	3	
				8	
	협력 업체	행사장 연출 - 무대/영상/중계/음향		7	
		통역시스템		7	
		사진촬영		2	
		음료관리 (VVIP/VIP 석)		1	
		사회자		1	
		통역사		2	
				20	
총계			44		

1. 기본 개요

가. 개 요

○ 일   시: 2012년 6월 27일(수) 14:00~18:00
　　　　　 2012년 6월 28일(목) 10:00~16:00
○ 장   소: KINTEX, 3F 306&307호
○ 참 가 자: 아시아 장차관급 VIP, 일반 참가자 등 190명
○ 룸 셋 팅: Class type 192석 (VIP석 36/연락관 36/일반참가자석 120)
○ 프로그램: 4개 세션으로 진행

나. 주요분과 1일차(27일) : 경제공동발전과 법제교류

○ 주요 분과회의(제1세션) - Moderator: 법제처 법제심의관 김형수

구분	시간	주요 내용		발표자
경제발전 법제 세션	14:00~14:30 (30')	1) 제1주제발표	경제법제발전 60년사	법제처 경제법제국장
	14:30~14:50 (20')	2) 제2주제발표	Uniform Trade Loaw Texis as Enables of Economic Growth	Luca Castellani 소장 UN CITRAL
	14:50~15:50 (60')	3) 제3주제발표	아시아 참가국 발표(I)	- 베트남, 요르단, 말레이시아

다. 주요분과 (2일차 28일) : 사회 공동 발전과 법제교류

○ 주요 분과회의(제1세션) - Moderator: 남상우 KDI School 원장

구분	시간	주요 내용		발표자
입법참여 세션	10:00~10:25 (25')	1) 제1주제발표	IT 기술을 활용한 법령서비스 제공	법제처 법제정보과장
	10:25~10:50 (25')	2) 제2주제발표	전자정부 구축과 전자정부법 발표	행정 안전부 정보화 총괄과장
	10:50~11:10 (20')	3) 제3주제발표	Westlaw를 통한 아시아 각국에 대한 법령 서비스	Klaus Pfeifer (Thomson Reuters)
	11:10~11:40 (30')	4) 발표 및 질의응답	아시아 참가국 발표(III)	- 필리핀, 일본 법무성

2. 운영 및 실행

가. 룸 Layout

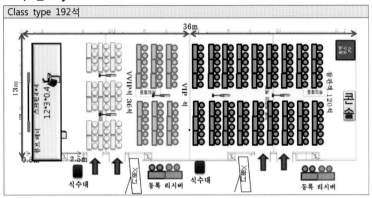

Class type 192석

나. 인력별 업무분장 (메인세션)

구분	메인 분과 업무내용	담당자	1일	2일	비고
법제처	운영 총괄	1명	4	4	
	운영 관리- 등록자 확인	2명			
	연사 관리(오퍼레이터) 및 운영 (좌석 셋팅)	1명			
킨텍스 PCO	진행 총괄	1명	2	2	
	VIP 관리	1명			
킨텍스지원	장비관리- 마이크, 포디움	1명	2	2	
	행사장 운영- 무대셋팅	1명			
진행요원	회의장 지원 (조명, 음향, 셋팅등)	진행1,2	2	2	
협력업체	등록관리 2명	등록1,2	2	2	
	콘솔 운영(PPT & 간지 슬라이드)	콘솔 2	2	2	
	통역사 관리	1명	2	2	
	통역 장비관리 - 통역부스 및 리시버	2명			
	통역사	2명	2	2	
	식음료 관리-커피Break	2명	2	2	
총 인원			20	20	

회의장 배치도

○ KINTEX [F3]

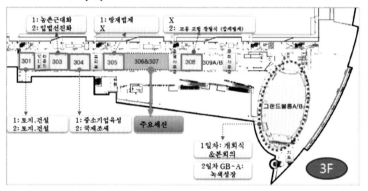

1. 농촌근대화 분과

가. 개   요
- ○ 일   시: 2012년 6월 27일(수) 14:00~17:30
- ○ 장   소: KINTEX, 3F 303호
- ○ 연단셋팅: 기본(10*3*0.4)/A type [기본화면]
- ○ 룸 셋 팅: B1: C48+T72+부스
- ○ 통역부스: 자체 부스 / 자체 리시버

나. Layout

303호 농촌근대화

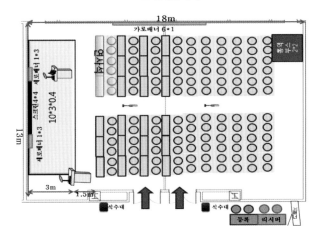

Ⅷ 산업시찰 개요

1. 기본 개요

- 일　시: 2012년 6월 29일(화) 09:00 ~ 16:00
- 대　상: 외국 장·차관급 참석자, 외국 실무자급 참석자, 주한대사　대사 및 연락관, 법제처 직원 등
- 장　소
  - A 코스: SKT 본사 티움(T.um), 농촌진흥청(농업과학관 및 연구소)
  - B 코스: SKT 본사 티움(T.um), 삼성전자 수원공장
- 진행방법 : 영어 진행(방문기관의 영어가이드가 인솔 진행)

2. 코스선정 배경

- SKT T.um · 삼성전자: 한국의 IT 및 전자기술 홍보 및 체험
- 농촌진흥청: 농업의 과거, 현재, 녹색기술 등 농업발전과정을 통한 생명산업 이해
- 삼성전자: 외국정상이 가장 가보고 싶어하는 기업 1위

3. 참가인원

구　분	A코스	B코스
해외참가자	9명	13명
법제처	12명	7명
운영인력 (킨텍스, 리에송, 진행요원)	6명	5명
총계	27명	25명
	52명	

4. 수　송

구분	VIP(장차관급)	실무자급	법제처 직원	주한대사 및 연락관
차량	에쿠스(개별이동)	28인승 2대		대사관차량 이동

구분	Welcome Dinner	1일차 VIP 오찬	1일차 만찬	2일차 VIP 오찬	2일차 파주 만찬	산업시찰 VIP 오찬
일 시	26일(화)	27일(수)	27일(수)	28일(목)	28일(목)	29일(금)
시 간	18:30~21:00	12:00~14:00	18:30~20:30	12:00~14:00	18:00~20:00	12:00~13:30
장 소	힐튼, 에메랄드 A	킨텍스 204호	킨텍스 204호	킨텍스 204호	LG Display 게스트하우스	수원 라마다 호텔
주 최	법제처	대한상공회의소	법제처	법제처	파주시	법제처
참석인원	66명	141명	89명	88명	32명	42명
참가대상	법제처장 차장 국장 -참가국 대표자 -공동주최주관장	- 참가국 대표자 - 공동주최주관장 - 메인 Speaker - 분과기관의 장	- 법제처장 차장 국장 - 참가국 대표자 - 공동주최주관 장 - 메인 Speaker - 분과 VIP - 경기 주요기관장	- 법제처장 차장 국장 - 참가국 대표자 - 공동주최주관 장 - 메인 Speaker - 분과기관의 장 - 분과 주요 VIP - 공법학회 임원	- 법제처장 차장 국장 - 참가국 대표자 - 공동주최주관 장 - 파주시장, 부시장 등	- 참가국 대표자 - 법제처 및 법령정보원
환영사	법제처장	대한상공회의소 회장	경기도 부지사	법제처 차장	파주시장	-
축사(1)	우크라이나 장관	방글라데시 장관	기재부 차관	법령정보관리원장	파주 상공회의소 회장	-
축사(2)	베트남 차관	캄보디아 장관	공법학회회장	한국교통연구원장	-	-
축사 (3)	법무부 차관	-	-	-	-	-
축사(4)	행안부 차관	-	-	-	-	-
형 식	Cocktail Reception & Sit-down Dinner	Sit-down Lunch	Sit-down Dinner	Sit-down Lunch	Sit-down Dinner	Sit-down Lunch
공 연	파아노 3중주/무용수 (한국예술영재교육원)	없음	퓨전국악 (국립국악원)	없음	아시아국 민요 연주가	없음
메 뉴	-칵테일 메뉴 -Western Set	Western Set	퓨전 Set	Buffet	Western Set	Buffet
음 료	와인(주스/칵테일) - Chile Medalla Real	없음	Frontera, Chille 와인	없음	감악산 머루주 (파주시 전통주)	없음

X 수송 및 인력

1. 수송 개요

가. 기본개요
○ 일 시: 2012년 6월 26일 ~ 29일 (4일간)
○ 대 상: VIP참가자(장. 차관: 9명), 일반참가자(국내외 참가자)

나. 차량 운용

대상	내용	구간	차량
장차관급	공식일정 지원	에쿠스	에쿠스
일반참가자	입출국 택시	인천공항-호텔	카니발
	리무진 버스운행	호텔-킨텍스	호텔 리무진 리무진 (28인승)
	셔틀버스 운행	대화역-킨텍스	대형버스 (45인승)
	행사 당일수송	각지방-킨텍스	대형버스 (45인승)
관광	산업시찰	1코스	28인승
		2코스	28인승

다. 운행 투입 차량

일자\차종	카니발 (9인승)	카운티 (25인승)	리무진 (28인승)	대형버스 (45인승)	계
1일차	1	1	2		4
2일차		1	2	16	19
3일차			2	9	11
4일차			2		2
계	1	2	8	25	36

2. 인력 개요

가. 기본개요

○ 영접·영송, 등록, 진행요원 등 전문업체에 위탁하여 전문인력 선발
○ 동시통역사, 주회의장 사회자, 사진기사 등은 해당 분야에 다년간의 경험과 인정을 받은 인력을 뽑아 운영함

나. 분야별 인력 배치

날짜	분야	소계	법제처	킨텍스 (킨텍스지원)	의전지원 (도우미포함)	진행요원	협력업체	비고
1일차	공항영접		4	2			28	트랜마스터
	호텔영접		4	2	1			
	환영만찬		4	5	4		3	힐튼
	소계	12	9	5			31	
2일차	VIP의전		10	5	5	6	3	한화/사진
	개막식		9	7	1	6	20	한화/통역/사회자
	부대시설 (등록포함)		8	2	3	6	25	TSM(등록)/부스
	일반수송		15	5		7		
	주요분과		4	4		2	2	통역/한화
	주제별분과		2	6		20	20(등록) 15(통역)	TSM(등록)/통역
	VIP오만찬		8	2	5	6	2	한화
	일반오찬		1	1		16	10	한화
	소계	57	32	14	69	97		
3일차	부대시설		3	1	3	1	1	부스
	일반수송							
	주요분과		4	4		2	2	한화/통역
	주제별분과		2	6		16	18(등록) 11(통역)	TSM(등록)/통역
	VIP오찬		5	2	2	4	2	한화
	일반오찬		1	1		16	10	한화
	VIP만찬		3	4		6	4	버스/LG
	소계	33	23	5	57	48		
	산업시찰		19	9			7 (리에종)	
	소계	19	9	-	-	7		
	합계	188	73	24	126	183		

※ 기능별, 시간대별로 가능한 경우 1인이 다수 분야를 겸함, 중복인원임

자료 출처: 킨텍스

Part 5

호텔 컨벤션과 파티 기획

제9장 호텔컨벤션 관리
제10장 파티 기획과 플래너

호텔컨벤션 관리

1. 호텔컨벤션의 의의

호텔은 많은 회의참가자들과 그들의 동반자들을 위한 숙식과 편의시설 그리고 컨벤션시설과 그에 따르는 연회시설들을 갖추어 컨벤션뿐만 아니라 그런 행사를 통한 교제의 장으로써 안성맞춤인 것이다.

호텔에서 컨벤션을 유치하면 다른 일반 고객보다 숙박일수도 많을 뿐더러 회의 관련시설의 임대가 가능하고, 특히 식음료 판매를 통한 수익을 증대시킬 수 있어 유치하기 위해 노력을 하고 있다. 특급호텔의 등록기준에 5개 국어 이상의 동시통역시설의 설치가 가능한 시설과 컨벤션시설을 갖추어야 하며, 홀 면적이 320m² 이상이어야 한다고 규정하고 있어 호텔의 시설을 컨벤션시설로 이용하기 위한 법적 근거를 규정하고 있다.[1]

또한 호텔에서는 은행, 통신, 우편 등의 편의시설을 제공하고 전문적인 서비스를 제공한다. 따라서 컨벤션 개최에 있어서 호텔이 갖는 의의는 첫째, 다량 방문객의 숙식을 제공할 수 있다는 것이다. 컨벤션에 참가하는 사람들은 각국의 대표자들로 구성되는데 여기에는 보도진, 기자 및 수행원뿐만 아니라 가족을 동반하

---

1) 안경모 · 김영준, 국제회의 실무기획, 1999, 백산출판사, p. 257.

기도 한다.

그러므로 컨벤션을 유치하게 되면 많은 방문객을 받아들이게 됨으로써 이들을 수용할 수 있는 숙박시설이 필요하게 되고 호텔은 이들에게 숙식을 제공할 수 있는 최고의 시설이 되고 있는 것이다.

둘째, 시설 면에서 사용이 용이하다는 것이다. 호텔에는 회의 및 각종 행사를 치룰 수 있는 컨벤션센터를 비롯한 회의장 시설들을 갖추고 있기 때문에 규모에 맞게 회의를 할 수 있는 장소를 제공할 수 있다. 특히 호텔 회의장 시설은 회의의 특색에 맞게 시설을 변형할 수 있게 되어 있으므로 회의의 효과를 증진시킬 수 있다.

셋째, 각종 편의시설의 제공이 가능하다. 통신, 은행, 우편뿐 아니라, 건강과 오락을 위한 다양한 프로그램들과 시설들이 갖추어져 있으므로 회의참가와 동시에 체재기간 동안의 여유를 즐길 수 있다.

넷째, 전문적인 서비스가 가능하다는 것이다. 회의에 필요한 전문요원을 비롯하여, 비즈니스센터를 설치·운영하여 각종 정보와 숙식뿐 아니라 컨벤션시설, 편의시설 등의 각종 시설과 전문적인 서비스 외에도 관광, 쇼핑 등의 정보와 기타 각종 서비스를 제공함으로써 컨벤션 개최장소로의 최대효과를 기할 수 있는 것이다.

2. 호텔컨벤션의 효과

호텔에서 컨벤션을 유치함으로써 얻어지는 효과는 호텔이 이익을 추구하는 기업이라는 측면에서 볼 때 단연 경제적 효과를 들 수 있다. 뿐만 아니라 호텔은 지역이미지를 상장하는 역할과 외지정보의 유입, 문화진흥, 국제교류 그리고 지역관광을 진흥시킨다. 뿐만 아니라 컨벤션 유치는 호텔의 경영에 있어서 가장 문제점으로 알려지고 있는 비수기를 타개할 수 있는 방안이 되고, 또한 컨벤션은 고객수준이 높아 일반관광객보다도 수입원은 높은 편이며 개인 고객과 같이 예약을 취소하거나 "no-show"는 경우가 없는 확실한 유치고객이 된다.[2]

---

2) Milton T. Astroff & James R. Abbey, Convention Sales and Services, Iowa : Wm. C. Brown Company, 1978, pp. 2~3.

이렇듯 호텔에서 컨벤션을 유치, 개최하게 되면 호텔자체의 이익뿐 아니라 지역사회에 문화적·경제적 효과를 가져 올 수 있다.

3. 호텔컨벤션산업의 동향

오늘날 호텔은 단순히 숙식제공이라는 형태에서 벗어나 그 기능이 다양해지고 그 규모가 거대해지고 있다. 이는 호텔기업 자체가 수요를 창출하기 위한 마케팅(marketing)활동에 따른 능동적인 면과 관광을 비롯한 레저(leisure), 레크리에이션(recreation), 혹은 컨벤션 등으로 인한 사회적 요구에 따라 공급원을 확대케 하는 수동적인 면의 양면성을 볼 수 있다.

이런 사회적·경제적 변화와 요구에 따라 각국의 호텔들은 이윤을 추구하는 기업이란 측면에서 연중 적정한 관광객 유치는 호텔경영의 필수적인 요건이 된다. 오늘날 한국의 호텔은 숙박에 적합한 구조나 설비보다 오히려 관광객의 이용에 적합한 시설의 확대로 이들 공간이 호텔 규모의 상당한 부분을 점유하게 되었으며, 특히 최근에는 컨벤션시설을 확대하고 그에 필요한 요건을 확충하면서 고객유치에 주력하고 있어, 호텔이 회의나 집회, 전시 등 행사를 위한 장소로 활용되고 있다.

4. 한국 호텔컨벤션산업의 현황

호텔, 비즈니스(business)에 컨벤션기능을 상품화하여 호텔영업을 보완하는 호텔을 컨벤션호텔(convention hotel)이라고 하고[3] 컨벤션호텔의 상품을 대별하면 객실과 연회행사이다.[4] 이 두 가지 상품은 국제행사의 내용과 일치되며, 참가대표의 투숙과 행사기간 중 개최하는 각종 파티(party)가 바로 호텔영업의 대상이다. 따라서 호텔은 호텔서비스의 일환으로 컨벤션기능을 호텔에 부가시켜 이로 인한 파급효과를 바라고 있다.

회의시설을 갖춤으로써 회의와 관련한 상품을 판매하려는 것이다. 이렇게 확

---

3) 안경모·김영준, 국제회의 실무기획, 백산출판사, 1999.
4) 국제관광서비스개발원, 국제행사운영총람, 1986, p. 242.

보한 회의장은 평상시 회의가 없을 때에는 일반연회장으로도 사용할 수 있는 융통성이 있다.[5]

한국에서의 컨벤션호텔은 1914년 9월 30일 설립한 조선호텔이 컨벤션센터로서의 역할도 하여 호텔경영의 다각화가 이루어졌으며, 사교행사로서 제공된 한국 최초의 호텔이다.[6]

그리고 우리나라에서 컨벤션이 주로 이루어지고 있는 곳은 특급호텔이며 그 밖에 각종 공연장, 전시장, 체육관시설 등이 필요에 따라 컨벤션 장르로 변형되어 사용되고 있으며, 특급호텔 중에서도 서울에 소재하고 있는 특1등급 22개 호텔이 가장 많이 컨벤션을 유치함으로써, 이들 컨벤션산업 현황이 우리나라의 호텔컨벤션산업 현황과 연결될 수 있다.

현대적인 의미의 컨벤션센터라 함은 각종 대·소 회의장은 물론 전시장, 연회장, 식당, 호텔, 주차장, 쇼핑아케이드 등이 동일 장소에 갖추진 종합단지(complex)의 개념으로 이미 우리의 경쟁국에서는 이들 시설을 갖추고 있다. 컨벤션센터는 운영상 수지적자를 감수하면서 국제차원에서 이를 운영하는데 반하여 민간차원에서 경제성을 살리면서 컨벤션시설을 운영할 수 있는 방법이 컨벤션호텔이라고 할 수 있다.

---

5) 최승이·한광종, 국제회의산업론, 백산출판사, 1995.

6) 오정환, 호텔산업사에 관한 비교연구, 경기대학교 관광개발연구논집, 제4집, 1987. pp. 56~57.

1. 다음 중 호텔컨벤션의 의의가 아닌 것은?

   ① 컨벤션뿐만 아니라 참가자 간의 교제의 장을 제공한다.

   ② 각종 편의시설 제공이 가능하다.

   ③ 전문적인 서비스가 가능하다.

   ④ 환경적인 차원에서 우수성을 제공한다.

2. 다음 중 호텔컨벤션의 효과가 아닌 것은?

   ① 경제적 효과

   ② 기존 호텔고객대상 홍보효과

   ③ 비수기 타개방안

   ④ 지역관광 진흥

3. 다음 중 호텔컨벤션업의 동향이 아닌 것은?

   ① 일반 충성도가 높은 고객만을 타겟으로 마케팅활동을 전개하고 있다.

   ② 사회적 요구에 따라 공급원을 확대하고 있다.

   ③ 컨벤션시설을 확대하고 있다.

   ④ 관광객 이용에 적합한 시설의 확대하고 있다.

4. 한국의 호텔컨벤션산업 현황이 아닌 것은?

   ① 컨벤션호텔의 상품을 대별하면 객실과 연회행사이다.

   ② 컨벤션이 주로 이루어지고 있는 곳은 1급호텔이다.

   ③ 현대적인 의미의 컨벤션센터라 함은 회의장은 물론 전시장, 연회장, 식당, 호텔, 주차장, 쇼핑아케이드 등이 동일 장소에 갖추어진 종합단지(complex)의 개념이다.

   ④ 한국에서의 컨벤션호텔은 1914년 9월 30일 설립한 조선호텔이 컨벤션센터로서의 역할도 했다.

제 10 장

파티 기획과 플래너

파티와 파티 플래너

1. 파티
2. 파티플래너
3. 파티의 종류
4. 파티플래너의 업무

파티의 정의

특별한 날에 파티의 주최자가 친목과 대화, 놀이 등을 목적으로 한 장소에
사람들을 모으고 음식과 음료, 음악과 춤을 매체로 전개하는 행위

파티의 정의

세상에 모든 민족들 중에 함께 모여
기쁨과 흥겨움을 나누는 전통을 가지지 않은 민족이 있을까요?

Common Value

인류의 공통적인 가치

파티의 정의

파티는 인류문명이 시작됨과 동시에 생겨난 삶의 축제이자 공동체

Festival of life

단합과 결속, 동질적인 이슈를 만들어 내는 커뮤니케이션

파티의 정의

Party

Five Senses

- 인간의 오감을 향한 만족의 표현 수단.
- 식음료, 무용과 음악, 미술과 행위 등 인간의 오감을 만족시키기 위한 다차원적 노력이 동원되는 문화!

파티 플래너의 업무

파티플래너의 기본 업무

아이디어 현실화

● 파티의뢰자의 개최 목적에 맞는 파티에 대한 아이디어의 개발,
그리고 아이디어를 현실화시킬 수 있는 구체적인 계획의 작성

파티 플래너의 업무

✓ 창의적 상상을 바탕
✓ 적합하고 논리적인 계획을 수립
✓ 주최자의 동의

✓ 파티 전문 섹션들과 함께 현실적이며 세부적인 최적의 계획을 수립 및 기획.
✓ 주최자와의 커뮤니케이션을 통해 파티의 테마와 예산, 장소, 시간 등 파티 전
반에 관한 주최자의 의도를 기획, 실현하는 기획 전문가.

파티의 종류

파티의 프로그램은 파티의 주최자와 개최 목적에 따른
기본적인 요소로 분류

프라이빗파티
(private party)

비즈니스파티
(business party)

주최자에 따른 구분

Private party

- 가족모임
- 돌잔치, 회갑연, 약혼식, 결혼식 등은 진행되는 프로그램이 다양하여
특별한 준비와 전문적인 기획을 필요로 함

Individuals and Families

- 개인 단위 또는 가족 단위에서 사회적 친목을 목적으로 전개하는 파티.
- 가족파티, 동호회 등 사교와 친목을 주목적으로 소규모 사회단체의 파티.
- 웨딩파티, 댄스파티, 생일파티, 요트파티 등

Private party

• 웨딩 파티

- 규모에 맞는 특수한 파티장 스타일과 프로그램의 진행 등 많은 노하우가 필요
- 웨딩 파티 플래너는 또 하나의 전문 영역

THE BEST WEDDING RECEPTION...EVER!

임페리얼 팰리스호텔 결혼식

워커힐 호텔 야외결혼식장

워커힐 호텔 결혼식

신라호텔 결혼식

파티의 종류

파티의 프로그램은 파티의 주최자와 개최 목적에 따른
기본적인 요소로 분류

콘텐츠별 구분

디너파티, 가든파티, 댄스파티, 칵테일파티,
와인파티, 콘서트파티, 패션쇼파티, 스페셜쇼
파티, 뮤지컬파티, 카지노파티 등

하얏트 호텔 패션쇼

갤러리 오프닝 리셉션

야외 가든파티(독일와인행사)

독일와인 시음행사

임페리얼 호텔 칵테일파티

요트 파티

요트 클럽 파티
이국적인 한강 요트클럽에서 영화같은 칵테일 파티

Business Party

- ●기업 또는 정부 등에서 특정한 목적의 달성을 위해 전개하는 파티.
- ●대부분 경영이나 마케팅의 필요성, 즉 비즈니스적 필요에 의해 이루어짐
- ●런칭파티, 프리젠테이션파티, PR파티 등

Corporate and Government

Business Party

Party Planner에게 비즈니스 파티가 좀 더 매력적인 이유?

Dramatic Process

- 충분한 규모와 예산으로 드라마틱한 전개
- 노하우와 경험을 가진 최고의 전문가

독일 대사관 와인소개 및 파티

와인 파티

Launching Party

- ●배를 건조한 후 띄우는 진수식 유래
- ●마케팅 용어로 신제품,신 브랜드의 출범을 의미하는 말로 널리 사용
- ●신제품 출시에 맞춰 제품의 광고와 홍보를 위해 전개하는 파티.

Presentation Party

●발표회를 뜻하는 PT는 비즈니스 파티의 목적 중에서 가장 많이 활용.
●기업공개가 활성화되면서 투자자들을 대상으로 한 IR(Investor relation)파티는 가장 대표적인 형태.

VIP Party

●VIP는 기업의 제품 또는 서비스를 다른 사람에 비해 적극적이고 지속적으로 사용하는 사람, 즉 헤비 유저(heavy user).
●신규 고객 보다는 기존에 자기의 제품을 적극적으로 사용해 주는 VIP를 관리하는 가장 좋은 수단 중에 하나가 파티라는 것.

Season Party

- 일년 중 파티 개최의 명분이 되는 시점을 전개하는 파티.
- 크리스마스와 연말 VIP초청 파티.
- 연말연시의 직원들을 대상 파티.

시즌파티(송년 파티)

시즌 파티 (후원회)

Anniversary Party

- 기념이나 축하를 위해 파티.
- 창립기념일, 매출 목표 달성 기념파티.
- 비즈니스와 관련된 주요 관계자 파티.

Charity Party

● 기업의 사회적 책임이 늘어나고, 공익적 활동이 활발해지면서
기업 또는 명망가가 주최하는 자선 파티.

PR Party

● 대중과의 관계 개선을 위해 활용하는 파티
● 참가대상 (주로 주주, 정부 관계자, 시민단체 지도자, 노동조합 등)
● PR파티 중에서 특별히 언론을 대상으로 하는 파티를 퍼블리시티(publicity) 파티.

Staff Party

- 기업 내부인(직원)을 위한 파티.
- 직원들의 사기양양
- 파티는 조직원들의 친목과 단합을 유도하고 소속감을 강화시키는 가장 유용한 방법으로 활용.

Historical Background

- 1990년대 후반부터 시작된 이후 5년 전부터 활성화 되기 시작했고 완전한 직업으로 정착
- 파티의 대중화로 전문화되었고 수요는 계속 증가
- 개인, 가족, 소규모 단체 중심의 개인 파티플래너와 기업과 관공서를 중심으로 비즈니스 파티 플래너로 성장

Various Competencies

복합적인 능력과 지식을 갖추어야
성공적인 파티 플래너

- ●기획능력, 전반적인 파티 제작 능력, 전문가 활용능력, 파티 에티켓, 클라이언트 (고객)개발 및 관리능력
- 창의성(creativity)
- 문화적인 트렌드를 파악하는 능력
- 프로근성(professionalism)과 열정(passion)
- 마케팅 지식(marketing knowledge)
- 커뮤니케이션(communication)
- 원만한 대인관계
- 강인한 체력과 리더십(leadership)

부록

|

2011 전세계 전시장 수 및 전시장 면적

Table 1 - Venues and indoor exhibition space in 2011 - Number & Capacity

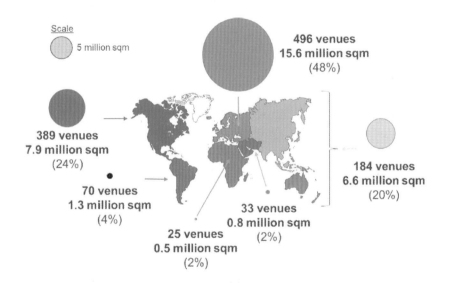

구분	전시장 수	실내 전시면적	전시면적 비율
북미	389개	790만㎡	24%
아시아 태평양	184개	660만㎡	20%
유럽	496개	1,560만㎡	48%
남미	70개	130만㎡	4%
중동	33개	80만㎡	2%
아프리카	25개	50만㎡	2%
세계 전체	1,197개	3,280만㎡	100%

* 자료 : UFI Global Exhibition Industry Statics, 2011.

2011 전세계 주요국의 전시면적 현황

순위	구분	전시장 공급면적	세계시장 비중	2006년 대비 증가율
1위	미국	6,712,342m^2	21%	5% ↑
2위	중국	4,755,102m^2	15%	48% ↑
3위	독일	3,377,821m^2	10%	2% ↑
4위	이탈리아	2,227,304m^2	7%	3% ↑
5위	프랑스	2,094,554m^2	6%	3% ↑
6위	스페인	1,548,057m^2	5%	13% ↑
7위	네덜란드	960,530m^2	3%	15% ↑
8위	브라질	701,882m^2	2%	6% ↑

자료 : UFI Global Exhibition Industry Statics(2011).

국제회의산업 육성에 관한 법률

[시행 2012.2.5.] [법률 제11037호, 2011.8.4., 타법개정]

문화체육관광부(국제관광과) 044-203-2857

제1조(목적) 이 법은 국제회의의 유치를 촉진하고 그 원활한 개최를 지원하여 국제회의산업을 육성·진흥함으로써 관광산업의 발전과 국민경제의 향상 등에 이바지함을 목적으로 한다.
[전문개정 2007.12.21.]

제2조(정의) 이 법에서 사용하는 용어의 뜻은 다음과 같다.

1. "국제회의"란 상당수의 외국인이 참가하는 회의(세미나·토론회·전시회 등을 포함한다)로서 대통령령으로 정하는 종류와 규모에 해당하는 것을 말한다.

2. "국제회의산업"이란 국제회의의 유치와 개최에 필요한 국제회의시설, 서비스 등과 관련된 산업을 말한다.

3. "국제회의시설"이란 국제회의의 개최에 필요한 회의시설, 전시시설 및 이와 관련된 부대시설 등으로서 대통령령으로 정하는 종류와 규모에 해당하는 것을 말한다.

4. "국제회의도시"란 국제회의산업의 육성·진흥을 위하여 제14조에 따라 지정된 특별시·광역시 또는 시를 말한다.

5. "국제회의 전담조직"이란 국제회의산업의 진흥을 위하여 각종 사업을 수행하는 조직을 말한다.

6. "국제회의산업 육성기반"이란 국제회의시설, 국제회의 전문인력, 전자국제회의체제, 국제회의 정보 등 국제회의의 유치·개최를 지원하고 촉진하는 시설, 인력, 체제, 정보 등을 말한다.
[전문개정 2007.12.21.]

제3조(국가의 책무) ① 국가는 국제회의산업의 육성·진흥을 위하여 필요한

계획의 수립 등 행정상·재정상의 지원조치를 강구하여야 한다.

② 제1항에 따른 지원조치에는 국제회의 참가자가 이용할 숙박시설, 교통시설 및 관광 편의시설 등의 설치·확충 또는 개선을 위하여 필요한 사항이 포함되어야 한다.

[전문개정 2007.12.21.]

제4조 삭제 〈2009.3.18.〉

제5조(국제회의 전담조직의 지정 및 설치) ① 문화체육관광부장관은 국제회의산업의 육성을 위하여 필요하면 국제회의 전담조직(이하 "전담조직"이라 한다)을 지정할 수 있다. 〈개정 2008.2.29.〉

② 국제회의시설을 보유·관할하는 지방자치단체의 장은 국제회의 관련 업무를 효율적으로 추진하기 위하여 필요하다고 인정하면 전담조직을 설치할 수 있다.

③ 전담조직의 지정·설치 및 운영 등에 필요한 사항은 대통령령으로 정한다.

[전문개정 2007.12.21.]

제6조(국제회의산업육성기본계획의 수립 등) ① 문화체육관광부장관은 국제회의산업의 육성·진흥을 위하여 다음 각 호의 사항이 포함되는 국제회의산업육성기본계획(이하 "기본계획"이라 한다)을 수립·시행하여야 한다. 〈개정 2008.2.29.〉

1. 국제회의의 유치와 촉진에 관한 사항
2. 국제회의의 원활한 개최에 관한 사항
3. 국제회의에 필요한 인력의 양성에 관한 사항
4. 국제회의시설의 설치와 확충에 관한 사항
5. 그 밖에 국제회의산업의 육성·진흥에 관한 중요 사항

② 삭제 〈2009.3.18.〉

③ 문화체육관광부장관은 국제회의산업 육성과 관련된 기관의 장에게 기본계획의 효율적인 달성을 위하여 필요한 협조를 요청할 수 있다. 〈개정 2008.2.29.〉

④ 기본계획의 수립에 필요한 사항은 대통령령으로 정한다.

[전문개정 2007.12.21.]

제7조(국제회의 유치·개최 지원) ① 문화체육관광부장관은 국제회의의 유치를 촉진하고 그 원활한 개최를 위하여 필요하다고 인정하면 국제회의를 유치

하거나 개최하는 자에게 지원을 할 수 있다. 〈개정 2008.2.29.〉

② 제1항에 따른 지원을 받으려는 자는 문화체육관광부령으로 정하는 바에 따라 문화체육관광부장관에게 그 지원을 신청하여야 한다. 〈개정 2008.2.29.〉

[전문개정 2007.12.21.]

제8조(국제회의산업 육성기반의 조성) ① 문화체육관광부장관은 국제회의산업 육성기반을 조성하기 위하여 관계 중앙행정기관의 장과 협의하여 다음 각 호의 사업을 추진하여야 한다. 〈개정 2008.2.29.〉

1. 국제회의시설의 건립
2. 국제회의 전문인력의 양성
3. 국제회의산업 육성기반의 조성을 위한 국제협력
4. 인터넷 등 정보통신망을 통하여 수행하는 전자국제회의 기반의 구축
5. 국제회의산업에 관한 정보와 통계의 수집·분석 및 유통
6. 그 밖에 국제회의산업 육성기반의 조성을 위하여 필요하다고 인정되는 사업으로서 대통령령으로 정하는 사업

② 문화체육관광부장관은 다음 각 호의 기관·법인 또는 단체(이하 "사업시행기관"이라 한다) 등으로 하여금 국제회의산업 육성기반의 조성을 위한 사업을 실시하게 할 수 있다. 〈개정 2008.2.29.〉

1. 제5조제1항 및 제2항에 따라 지정·설치된 전담조직
2. 제14조제1항에 따라 지정된 국제회의도시
3. 「한국관광공사법」에 따라 설립된 한국관광공사
4. 「고등교육법」에 따른 대학·산업대학 및 전문대학
5. 그 밖에 대통령령으로 정하는 법인·단체

[전문개정 2007.12.21.]

제9조(국제회의시설의 건립 및 운영 촉진 등) 문화체육관광부장관은 국제회의시설의 건립 및 운영 촉진 등을 위하여 사업시행기관이 추진하는 다음 각 호의 사업을 지원할 수 있다. 〈개정 2008.2.29.〉

1. 국제회의시설의 건립
2. 국제회의시설의 운영
3. 그 밖에 국제회의시설의 건립 및 운영 촉진을 위하여 필요하다고 인정하는 사업으로서 문화체육관광부령으로 정하는 사업

[전문개정 2007.12.21.]

제10조(국제회의 전문인력의 교육·훈련 등) 문화체육관광부장관은 국제회의

전문인력의 양성 등을 위하여 사업시행기관이 추진하는 다음 각 호의 사업을 지원할 수 있다. 〈개정 2008.2.29.〉

1. 국제회의 전문인력의 교육·훈련
2. 국제회의 전문인력 교육과정의 개발·운영
3. 그 밖에 국제회의 전문인력의 교육·훈련과 관련하여 필요한 사업으로서 문화체육관광부령으로 정하는 사업

[전문개정 2007.12.21.]

제11조(국제협력의 촉진) 문화체육관광부장관은 국제회의산업 육성기반의 조성과 관련된 국제협력을 촉진하기 위하여 사업시행기관이 추진하는 다음 각 호의 사업을 지원할 수 있다. 〈개정 2008.2.29.〉

1. 국제회의 관련 국제협력을 위한 조사·연구
2. 국제회의 전문인력 및 정보의 국제 교류
3. 외국의 국제회의 관련 기관·단체의 국내 유치
4. 그 밖에 국제회의 육성기반의 조성에 관한 국제협력을 촉진하기 위하여 필요한 사업으로서 문화체육관광부령으로 정하는 사업

[전문개정 2007.12.21.]

제12조(전자국제회의 기반의 확충) ① 정부는 전자국제회의 기반을 확충하기 위하여 필요한 시책을 강구하여야 한다.

② 문화체육관광부장관은 전자국제회의 기반의 구축을 촉진하기 위하여 사업시행기관이 추진하는 다음 각 호의 사업을 지원할 수 있다. 〈개정 2008.2.29.〉

1. 인터넷 등 정보통신망을 통한 사이버 공간에서의 국제회의 개최
2. 전자국제회의 개최를 위한 관리체제의 개발 및 운영
3. 그 밖에 전자국제회의 기반의 구축을 위하여 필요하다고 인정하는 사업으로서 문화체육관광부령으로 정하는 사업

[전문개정 2007.12.21.]

제13조(국제회의 정보의 유통 촉진) ① 정부는 국제회의 정보의 원활한 공급·활용 및 유통을 촉진하기 위하여 필요한 시책을 강구하여야 한다.

② 문화체육관광부장관은 국제회의 정보의 공급·활용 및 유통을 촉진하기 위하여 사업시행기관이 추진하는 다음 각 호의 사업을 지원할 수 있다. 〈개정 2008.2.29.〉

1. 국제회의 정보 및 통계의 수집·분석

2. 국제회의 정보의 가공 및 유통

3. 국제회의 정보망의 구축 및 운영

4. 그 밖에 국제회의 정보의 유통 촉진을 위하여 필요한 사업으로 문화체육관광부령으로 정하는 사업

③ 문화체육관광부장관은 국제회의 정보의 공급·활용 및 유통을 촉진하기 위하여 필요하면 문화체육관광부령으로 정하는 바에 따라 관계 행정기관과 국제회의 관련 기관·단체에 대하여 국제회의 정보의 제출을 요청하거나 국제회의 정보를 제공할 수 있다. 〈개정 2008.2.29.〉

[전문개정 2007.12.21.]

제14조(국제회의도시의 지정 등) ① 문화체육관광부장관은 대통령령으로 정하는 국제회의도시 지정기준에 맞는 특별시·광역시 및 시를 국제회의도시로 지정할 수 있다. 〈개정 2008.2.29., 2009.3.18.〉

② 문화체육관광부장관은 국제회의도시를 지정하는 경우 지역 간의 균형적 발전을 고려하여야 한다. 〈개정 2008.2.29.〉

③ 문화체육관광부장관은 국제회의도시가 제1항에 따른 지정기준에 맞지 아니하게 된 경우에는 그 지정을 취소할 수 있다. 〈개정 2008.2.29., 2009.3.18.〉

④ 문화체육관광부장관은 제1항과 제3항에 따른 국제회의도시의 지정 또는 지정취소를 한 경우에는 그 내용을 고시하여야 한다. 〈개정 2008.2.29.〉

⑤ 제1항과 제3항에 따른 국제회의도시의 지정 및 지정취소 등에 필요한 사항은 대통령령으로 정한다.

[전문개정 2007.12.21.]

제15조(국제회의도시의 지원) 문화체육관광부장관은 제14조제1항에 따라 지정된 국제회의도시에 대하여는 다음 각 호의 사업에 우선 지원할 수 있다. 〈개정 2008.2.29.〉

1. 국제회의도시에서의 「관광진흥개발기금법」 제5조의 용도에 해당하는 사업

2. 제16조제2항 각 호의 어느 하나에 해당하는 사업

[전문개정 2007.12.21.]

제16조(재정 지원) ① 문화체육관광부장관은 이 법의 목적을 달성하기 위하여 「관광진흥개발기금법」 제2조제2항제3호에 따른 국외 여행자의 출국납부금 총액의 100분의 10에 해당하는 금액의 범위에서 국제회의산업의 육성재원을 지원할 수 있다. 〈개정 2008.2.29.〉

② 문화체육관광부장관은 제1항에 따른 금액의 범위에서 다음 각 호에 해당되는 사업에 필요한 비용의 전부 또는 일부를 지원할 수 있다. 〈개정 2008.2.29.〉

1. 제5조제1항 및 제2항에 따라 지정·설치된 전담조직의 운영

2. 제7조제1항에 따른 국제회의 유치 또는 그 개최자에 대한 지원

3. 제8조제2항제2호부터 제5호까지의 규정에 따른 사업시행기관에서 실시하는 국제회의산업 육성기반 조성사업

4. 제10조부터 제13조까지의 각 호에 해당하는 사업

5. 그 밖에 국제회의산업의 육성을 위하여 필요한 사항으로서 대통령령으로 정하는 사업

③ 제2항에 따른 지원금의 교부에 필요한 사항은 대통령령으로 정한다.

④ 제2항에 따른 지원을 받으려는 자는 대통령령으로 정하는 바에 따라 문화체육관광부장관 또는 제18조에 따라 사업을 위탁받은 기관의 장에게 지원을 신청하여야 한다. 〈개정 2008.2.29.〉

[전문개정 2007.12.21.]

제17조(다른 법률과의 관계) ① 국제회의시설의 설치자가 국제회의시설에 대하여 「건축법」 제11조에 따른 건축허가를 받으면 같은 법 제11조제5항 각 호의 사항 외에 다음 각 호의 허가·인가 등을 받거나 신고를 한 것으로 본다. 〈개정 2008.3.21., 2009.6.9., 2011.8.4.〉

1. 「하수도법」 제24조에 따른 시설이나 공작물 설치의 허가

2. 「수도법」 제52조에 따른 전용상수도 설치의 인가

3. 「소방시설 설치·유지 및 안전관리에 관한 법률」 제7조제1항에 따른 건축허가의 동의

4. 「폐기물관리법」 제29조제2항에 따른 폐기물처리시설 설치의 승인 또는 신고

5. 「대기환경보전법」 제23조, 「수질 및 수생태계 보전에 관한 법률」 제33조 및 「소음·진동관리법」 제8조에 따른 배출시설 설치의 허가 또는 신고② 국제회의시설의 설치자가 국제회의시설에 대하여 「건축법」 제22조에 따른 사용승인을 받으면 같은 법 제22조제4항 각 호의 사항 외에 다음 각 호의 검사를 받거나 신고를 한 것으로 본다. 〈개정 2008.3.21., 2009.6.9.〉

1. 「수도법」 제53조에 따른 전용상수도의 준공검사

2. 「소방시설공사업법」 제14조제1항에 따른 소방시설의 완공검사

3. 「폐기물관리법」 제29조제4항에 따른 폐기물처리시설의 사용개시 신고

4. 「대기환경보전법」제30조 및 「수질 및 수생태 보전에 관한 법률」제37조에 따른 배출시설 등의 가동개시(稼動開始) 신고

③ 제1항과 제2항에 따른 허가·인가·검사 등의 의제(擬制)를 받으려는 자는 해당 국제회의시설의 건축허가 및 사용승인을 신청할 때 문화체육관광부령으로 정하는 관계 서류를 함께 제출하여야 한다. 〈개정 2008.2.29.〉

④ 특별자치도지사·시장·군수 또는 구청장(자치구의 구청장을 말한다)이 건축허가 및 사용승인 신청을 받은 경우 제1항과 제2항에 해당하는 사항이 다른 행정기관의 권한에 속하면 미리 그 행정기관의 장과 협의하여야 하며, 협의를 요청받은 행정기관의 장은 그 요청을 받은 날부터 15일 이내에 의견을 제출하여야 한다.

[전문개정 2007.12.21.]

제18조(권한의 위탁) ① 문화체육관광부장관은 제7조에 따른 국제회의 유치·개최의 지원에 관한 업무를 대통령령으로 정하는 바에 따라 법인이나 단체에 위탁할 수 있다. 〈개정 2008.2.29.〉

② 문화체육관광부장관은 제1항에 따른 위탁을 한 경우에는 해당 법인이나 단체에 예산의 범위에서 필요한 경비(經費)를 보조할 수 있다. 〈개정 2008.2.29.〉

[전문개정 2007.12.21.]

부칙 〈제11037호, 2011.8.4.〉 (소방시설 설치·유지 및 안전관리에 관한 법률)

제1조(시행일) 이 법은 공포 후 6개월이 경과한 날부터 시행한다.

제2조부터 제5조까지 생략
제6조(다른 법률의 개정) ① 및 ② 생략

③ 국제회의산업 육성에 관한 법률 일부를 다음과 같이 개정한다.

제17조제1항제3호 중 "「소방시설설치유지 및 안전관리에 관한 법률」"을 "「소방시설 설치·유지 및 안전관리에 관한 법률」"로 한다.

④부터 〈25〉까지 생략

국제회의산업 육성에 관한 법률 시행령

[시행 2011.11.16.] [대통령령 제23295호, 2011.11.16., 일부개정]

문화체육관광부(국제관광과) 044-203-2857

제1조(목적) 이 영은 「국제회의산업 육성에 관한 법률」에서 위임된 사항과 그 시행에 필요한 사항을 규정함을 목적으로 한다.
[전문개정 2011.11.16.]

제2조(국제회의의 종류·규모) 「국제회의산업 육성에 관한 법률」(이하 "법"이라 한다) 제2조제1호에 따른 국제회의는 다음 각 호의 어느 하나에 해당하는 회의를 말한다.
1. 국제기구나 국제기구에 가입한 기관 또는 법인·단체가 개최하는 회의로서 다음 각 목의 요건을 모두 갖춘 회의
　가. 해당 회의에 5개국 이상의 외국인이 참가할 것
　나. 회의 참가자가 300명 이상이고 그 중 외국인이 100명 이상일 것
　다. 3일 이상 진행되는 회의일 것
2. 국제기구에 가입하지 아니한 기관 또는 법인·단체가 개최하는 회의로서 다음 각 목의 요건을 모두 갖춘 회의
　가. 회의 참가자 중 외국인이 150명 이상일 것
　나. 2일 이상 진행되는 회의일 것
[전문개정 2011.11.16.]

제3조(국제회의시설의 종류·규모) ① 법 제2조제3호에 따른 국제회의시설은 전문회의시설·준회의시설·전시시설 및 부대시설로 구분한다.
② 전문회의시설은 다음 각 호의 요건을 모두 갖추어야 한다.
1. 2천명 이상의 인원을 수용할 수 있는 대회의실이 있을 것
2. 30명 이상의 인원을 수용할 수 있는 중·소회의실이 10실 이상 있을 것
3. 옥내와 옥외의 전시면적을 합쳐서 2천제곱미터 이상 확보하고 있을 것

③ 준회의시설은 국제회의 개최에 필요한 회의실로 활용할 수 있는 호텔연회장·공연장·체육관 등의 시설로서 다음 각 호의 요건을 모두 갖추어야 한다.

1. 200명 이상의 인원을 수용할 수 있는 대회의실이 있을 것
2. 30명 이상의 인원을 수용할 수 있는 중·소회의실이 3실 이상 있을 것

④ 전시시설은 다음 각 호의 요건을 모두 갖추어야 한다.

1. 옥내와 옥외의 전시면적을 합쳐서 2천제곱미터 이상 확보하고 있을 것
2. 30명 이상의 인원을 수용할 수 있는 중·소회의실이 5실 이상 있을 것

⑤ 부대시설은 국제회의 개최와 전시의 편의를 위하여 제2항 및 제4항의 시설에 부속된 숙박시설·주차시설·음식점시설·휴식시설·판매시설 등으로 한다.

[전문개정 2011.11.16.]

제4조 삭제 〈2011.2.25.〉

제5조 삭제 〈2011.2.25.〉

제6조 삭제 〈2011.2.25.〉

제7조 삭제 〈2011.2.25.〉

제8조 삭제 〈2011.2.25.〉

제9조(국제회의 전담조직의 업무) 법 제5조제1항에 따른 국제회의 전담조직은 다음 각 호의 업무를 담당한다.

1. 국제회의의 유치 및 개최 지원
2. 국제회의산업의 국외 홍보
3. 국제회의 관련 정보의 수집 및 배포
4. 국제회의 전문인력의 교육 및 수급(需給)
5. 법 제5조제2항에 따라 지방자치단체의 장이 설치한 전담조직에 대한 지원 및 상호 협력
6. 그 밖에 국제회의산업의 육성과 관련된 업무

[전문개정 2011.11.16.]

제10조(국제회의 전담조직의 지정) 문화체육관광부장관은 법 제5조제1항에 따라 국제회의 전담조직을 지정할 때에는 제9조 각 호의 업무를 수행할 수 있는 전문인력 및 조직 등을 적절하게 갖추었는지를 고려하여야 한다.

[전문개정 2011.11.16.]

제11조(국제회의산업육성기본계획) 문화체육관광부장관은 법 제6조에 따른 국제회의산업육성기본계획을 수립하거나 변경하는 경우에는 국제회의산업과 관련이 있는 기관 또는 단체 등의 의견을 들어야 한다.

[전문개정 2011.11.16.]

제12조(국제회의산업 육성기반 조성사업 및 사업시행기관) ① 법 제8조제1항제6호에서 "대통령령으로 정하는 사업"이란 다음 각 호의 사업을 말한다.

1. 법 제5조에 따른 국제회의 전담조직의 육성

2. 국제회의산업에 관한 국외 홍보사업

② 법 제8조제2항제5호에서 "대통령령으로 정하는 법인·단체"란 국제회의산업의 육성과 관련된 업무를 수행하는 법인·단체로서 문화체육관광부장관이 지정하는 법인·단체를 말한다.

[전문개정 2011.11.16.]

제13조(국제회의도시의 지정기준) 법 제14조제1항에 따른 국제회의도시의 지정기준은 다음 각 호와 같다.

1. 지정대상 도시에 국제회의시설이 있고, 해당 특별시·광역시 또는 시에서 이를 활용한 국제회의산업 육성에 관한 계획을 수립하고 있을 것

2. 지정대상 도시에 숙박시설·교통시설·교통안내체계 등 국제회의 참가자를 위한 편의시설이 갖추어져 있을 것

3. 지정대상 도시 또는 그 주변에 풍부한 관광자원이 있을 것

[전문개정 2011.11.16.]

제14조(재정 지원 등) 법 제16조제2항에 따른 지원금은 해당 사업의 추진 상황 등을 고려하여 나누어 지급한다. 다만, 사업의 규모·착수시기 등을 고려하여 필요하다고 인정할 때에는 한꺼번에 지급할 수 있다.

[전문개정 2011.11.16.]

제15조(지원금의 관리 및 회수) ① 법 제16조제2항에 따라 지원금을 받은 자는 그 지원금에 대하여 별도의 계정(計定)을 설치하여 관리하여야 하고, 그 사용 실적을 사업이 끝난 후 1개월 이내에 문화체육관광부장관에게 보고하여야 한다.

② 법 제16조제2항에 따라 지원금을 받은 자가 법 제16조제2항 각 호에 따른 용도 외에 지원금을 사용하였을 때에는 그 지원금을 회수할 수 있다.

[전문개정 2011.11.16.]

제16조(권한의 위탁) 문화체육관광부장관은 법 제18조제1항에 따라 법 제7조
에 따른 국제회의 유치·개최의 지원에 관한 업무를 법 제5조제1항에 따른
국제회의 전담조직에 위탁한다.
[전문개정 2011.11.16.]

부칙 〈제23295호, 2011.11.16.〉
이 영은 공포한 날부터 시행한다.

국제회의산업 육성에 관한 법률 시행규칙

[시행 2014.6.19.] [문화체육관광부령 제173호, 2014.6.19., 타법개정]

문화체육관광부(국제관광과) 044-203-2857

제1조(목적) 이 규칙은 「국제회의산업 육성에 관한 법률」 및 같은 법 시행령
에서 위임된 사항과 그 시행에 필요한 사항을 규정함을 목적으로 한다.
[전문개정 2011.11.24.]

제2조(국제회의 유치·개최 지원신청) 「국제회의산업 육성에 관한 법률」(이하
"법"이라 한다) 제7조제2항에 따라 국제회의 유치·개최에 관한 지원을 받으
려는 자는 별지 서식의 국제회의 지원신청서에 다음 각 호의 서류를 첨부하
여 법 제5조제1항에 따른 국제회의 전담조직의 장에게 제출하여야 한다.
1. 국제회의 유치·개최 계획서(국제회의의 명칭, 목적, 기간, 장소, 참가자
수, 필요한 비용 등이 포함되어야 한다) 1부
2. 국제회의 유치·개최 실적에 관한 서류(국제회의를 유치·개최한 실적이
있는 경우만 해당한다) 1부
3. 지원을 받으려는 세부 내용을 적은 서류 1부
[전문개정 2011.11.24.]

제3조(지원 결과 보고) 법 제7조에 따라 지원을 받은 국제회의 유치·개최자
는 해당 사업이 완료된 후 1개월 이내에 법 제5조제1항에 따른 국제회의
전담조직의 장에게 사업 결과 보고서를 제출하여야 한다.
[전문개정 2011.11.24.]

제4조(국제회의시설의 지원) 법 제9조제3호에서 "문화체육관광부령으로 정하는
사업"이란 국제회의시설의 국외 홍보활동을 말한다.
[전문개정 2011.11.24.]

제5조(전문인력의 교육·훈련) 법 제10조제3호에서 "문화체육관광부령으로 정

하는 사업"이란 국제회의 전문인력 양성을 위한 인턴사원제도 등 현장실습의 기회를 제공하는 사업을 말한다.
[전문개정 2011.11.24.]

제6조(국제협력의 촉진) 법 제11조제4호에서 "문화체육관광부령으로 정하는 사업"이란 다음 각 호의 사업을 말한다.
1. 국제회의 관련 국제행사에의 참가
2. 외국의 국제회의 관련 기관·단체에의 인력 파견
[전문개정 2011.11.24.]

제7조(전자국제회의 기반 구축) 법 제12조제2항제3호에서 "문화체육관광부령으로 정하는 사업"이란 전자국제회의 개최를 위한 국내외 기관 간의 협력사업을 말한다.
[전문개정 2011.11.24.]

제8조(국제회의 정보의 유통 촉진) ① 법 제13조제2항제4호에서 "문화체육관광부령으로 정하는 사업"이란 국제회의 정보의 활용을 위한 자료의 발간 및 배포를 말한다.
② 문화체육관광부장관은 법 제13조제3항에 따라 국제회의 정보의 제출을 요청하거나, 국제회의 정보를 제공할 때에는 요청하려는 정보의 구체적인 내용 등을 적은 문서로 하여야 한다.
[전문개정 2011.11.24.]

제9조(국제회의도시의 지정신청) 법 제14조제1항에 따라 국제회의도시의 지정을 신청하려는 특별시장·광역시장 또는 시장은 다음 각 호의 내용을 적은 서류를 문화체육관광부장관에게 제출하여야 한다.
1. 국제회의시설의 보유 현황 및 이를 활용한 국제회의산업 육성에 관한 계획
2. 숙박시설·교통시설·교통안내체계 등 국제회의 참가자를 위한 편의시설의 현황 및 확충계획
3. 지정대상 도시 또는 그 주변의 관광자원의 현황 및 개발계획
4. 국제회의 유치·개최 실적 및 계획
[전문개정 2011.11.24.]

제10조(인가·허가 등의 의제를 위한 서류 제출) 법 제17조제3항에서 "문화체육관광부령으로 정하는 관계 서류"란 법 제17조제1항 및 제2항에 따라 의

제(擬制)되는 허가·인가·검사 등에 필요한 서류를 말한다.

[전문개정 2011.11.24.]

부칙 〈제173호, 2014.6.19.〉 (개인정보 보호 등을 위한 문화산업진흥 기본법 시행규칙 등 일부개정령)

이 규칙은 공포한 날부터 시행한다.

2012 ICCA 국제회의 통계

O 2012 국가별 국제회의 개최순위

국가명	2012년 실적				2011년		2010년		2009년	
	순위	건수	순위 변동	건수 변동	순위	건수	순위	건수	순위	건수
미국	1	833		+74	1	759	1	779	1	833
독일	2	649		+72	2	577	2	605	2	593
스페인	3	550		+87	3	463	3	521	4	433
영국	4	477		+43	4	434	4	481	5	432
프랑스	5	469		+41	5	428	5	414	6	428
이탈리아	6	390		+27	6	363	6	410	3	457
브라질	7	360		+56	7	304	9	277	8	306
일본	8	341	+5	+108	13	233	7	332	8	306
네덜란드	9	315		+24	9	291	13	241	10	298
중국	10	311	−2	+9	8	302	8	324	7	324
오스트리아	11	278	−1	+11	10	267	14	227	11	261
캐나다	12	273	−1	+18	11	255	12	252	12	249
호주	13	253	+3	+49	16	204	11	254	17	201
스위스	14	241	−2	+1	12	240	10	262	13	241
스웨덴	15	233	+2	+38	17	195	15	217	14	227
대한민국	16	229	−1	+22	15	207	18	197	16	209
포르투갈	17	213	−3	−15	14	228	17	207	15	214
아르헨티나	18	202		+16	18	186	19	195	20	170
벨기에	19	194		+15	19	179	16	212	18	179
덴마크	20	185	+5	+45	25	140	23	156	18	179
터키	21	179	+2	+20	23	159	20	182	23	147
핀란드	22	174		+11	22	163	21	161	21	149
멕시코	23	163	−3	−12	20	175	22	160	24	145
노르웨이	24	161	+2	+23	26	138	27	134	22	148
인도	25	150	+8	+45	33	105	31	116	34	114

폴란드	25	150	-4	-15	21	165	31	116	25	142
싱가포르	25	150	-1	+8	24	142	25	148	29	120
태국	25	150	+10	+49	35	101	36	93	31	118
콜롬비아	29	138	+3	+25	32	113	33	105	35	93
아이랜드	30	134	+3	+29	33	105	37	89	38	82~

※ ICCA 기준 국제회의 : 3개국 이상을 돌아가며 정기적으로 개최한 회의(참가자 수 : 50명 이상)
자료 : 한국관광공사

○ 2012 도시별 국제회의 개최순위

도시	2012				2011		2010		2009	
	순위	건수	순위변동	건수변동	순위	건수	순위	건수	순위	건수
비엔나	1	195		+14	1	181	2	166	1	172
파리	2	181		+7	2	174	3	164	3	158
베를린	3	172	+1	+25	4	147	4	158	4	141
마드리드	4	164	+2	+34	6	130	7	126	19	92
바르셀로나	5	154	-2	+4	3	150	1	168	2	159
런던	6	150	+1	+35	7	115	6	139	11	115
싱가포르	6	150	-1	+8	5	142	5	148	8	120
코펜하겐	8	137	+6	+39	14	98	16	101	7	121
이스탄불	9	128		+15	9	113	7	126	16	99
암스테르담	10	122	-2	+8	8	114	13	110	6	131
프라하	11	112	+3	+14	14	98	17	99	13	108
스톡홀름	12	110	+5	+17	17	93	19	96	9	119
북경	13	109	-3	-2	10	111	10	113	5	132
브뤼셀	14	107	+3	+14	17	93	12	111	14	104
리스본	15	106	-3	-1	12	107	11	112	10	118
방콕	16	105	+10	+35	26	70	39	56	21	85
헬싱키	17	100	+8	+29	25	71	28	71	26	71
서울	17	100	-4	+1	13	99	18	98	12	109
부에노스아이래스	19	99	-3	+5	16	94	9	114	15	100
부다패스트	20	98	-9	-10	11	108	19	96	17	97
로마	20	98	-1	+6	19	92	23	89	17	97
더블린	22	97	+1	+21	23	76	31	66	36	53
홍콩	23	96	-1	+19	22	77	21	94	22	83
시드니	24	86	+10	+29	34	57	15	105	29	64
리오데자네이로	25	83	+2	+14	27	69	33	64	32	63
홍콩	26	80	-6	-3	20	83	14	107	23	81
뮌헨	27	78	+6	+23	33	55	29	70	29	64

상파울로	28	77	+3	+17	31	60	27	72	24	77
오슬로	29	74	+1	+13	30	61	37	55	28	66
취리히	30	70	−2	+7	28	63	33	61	29	64
쿠알라룸푸르	31	69	−10	−9	21	78	24	82	20	91
도쿄	31	69	+6	+19	37	50	26	74	27	69
에딘버러	33	67	+2	+15	35	52	30	67	37	48
몬트리얼	33	67	+4	+17	37	50	35	57	34	57
상하이	35	64	−11	−8	24	72	22	90	33	61
교토	36	61	+6	+32	42	29	39	48	40	39
산티에고	36	61	+3	+12	39	49	33	61	35	53
제주	71	33	−15	−4	56	37	65	32	66	32
부산	72	32	+4	+5	76	27	85	24	140	15
대전	176	13	+21	+3	197	10	258	7	197	10
대구	241	9	−44	−1	197	10	308	5	214	9
여수	263	8								
광주	286	7								
인천	363	5	−51	−1	312	6	208	9	140	15

자료 : 한국관광공사

2010 MICE 산업통계

자료 : 한국관광공사

1. MICE 행사 개최 건수

- 2010년도 MICE 개최 건수는 총 20,516건으로 조사되었음
  - Meeting 개최 건수는 14,487건
  - Incentive 개최 건수는 5,050건
  - Convention 개최 건수는 500건
  - Exhibition 개최 건수는 479건
- 2010년도 MICE 참가자 수는 약 1,000.7만 명이며 그 중 외국인은 약 59.2만 명임
  - Meeting 참가자 수는 약 만 180.7만 명이며, 그 중 외국인은 약 2.4만 명임
  - Incentive 참가 외국인 수는 약 33.3만 명임
  - Convention 참가자 수는 약 66.2만 명이며, 그 중 외국인은 약 13.7만 명임
  - Exhibition 참가자 수는 약 720.5만 명이며, 그 중 외국인은 약 9.9만 명임

○ MICE 각 유형별 개최 현황

MICE 유형		개최 건수	외국인 참가자 수	내국인 참가자 수	전체 참가자 수
Meeting	국내	13,917	453	1,743,125	1,743,578
	국제*	570	23,644	39,398	63,042
	합계	14,487	24,097	1,782,523	1,806,620
Incentive**		5,050***	332,789	–	332,789
Convention(국제)		500	136,529	525,680	662,209
Exhibition ****	무역전시	70	15,558	699,583	715,141
	무역/일반전시	156	69,529	3,865,721	3,935,250
	일반전시	253	13,980	2,541,001	2,554,981
	합계	479	99,067	7,106,305	7,205,372
총합계		20,516	592,482	9,414,508	10,006,990

* 국제 Meeting의 경우 한국관광공사의 기준에 의해 외국인 10명이상인 회의임.
** Incentive는 Inbound를 조사대상으로 하여 참가자가 모두 외국인으로 구성되어 있음.
*** Incentive의 개최 건수는 총 참가자수 332,789명에 대한 실제 조사 데이터의 참가자수의 비율로 추정한 수치임
**** "전시회(Exhibition)"라 함은 무역전시, 무역·일반전시, 일반전시를 말함. 전시의 경우 한국전시산업진흥회에서 조사하는 2010 국내 전시산업 통계 자료를 활용함.

2. MICE 산업 통합 통계 조사결과

① 월별 개최 현황

- MICE 산업의 월별 개최 현황을 살펴보면, 11월이 2,234건으로 가장 많이 개최되었으며, 10월 2,233건, 12월 1,984건, 6월 1,971건, 4월 1,852건 등의 순으로 개최되었음.

- MICE 산업의 월별 참가자 현황은 7월에 123.4만 명(외국인 4.9만 명), 8월 111.1만 명(외국인 4.4만 명), 4월 110.7만 명(외국인 5.5만 명), 10월 92.3만 명(외국인 9.7만 명), 3월 82.9만 명(외국인 4.7만 명)의 순으로 조사되었음.

○ MICE 행사의 월별 개최 현황

구분	개최 건수	외국인 참가자 수	내국인 참가자 수	전체 참가자 수
1월	1,421	26,157	501,143	527,300
2월	1,309	29,044	772,032	801,076
3월	1,827	46,702	782,503	829,205
4월	1,852	55,202	1,052,158	1,107,360
5월	1,582	46,850	730,498	777,348
6월	1,971	50,499	648,585	699,084
7월	1,482	49,146	1,185,193	1,234,339
8월	1,042	43,751	1,067,625	1,111,376
9월	1,579	49,154	634,147	683,301
10월	2,233	97,348	825,790	923,138
11월	2,234	57,297	573,956	631,253
12월	1,984	41,332	640,878	682,210
총합계	20,516	592,482	9,414,508	10,006,990

② 행사기간별 개최현황

● 행사기간별 개최 현황을 살펴보면, 당일 행사가 8,438건으로 가장 많이 개최된 것으로 나타났으며 2일 3,723건, 4일 2,650건, 5일 2,170건, 3일 2,161건, 7일 이상 702건, 6일 672건으로 나타남.

● 행사기간에 따른 전체 참가자 수는 3일 동안 개최된 행사가 292.5만 명(외국인 10.3만 명), 4일 283.4만 명(외국인 21.1만 명), 1일 158.2만 명(외국인 2.3만 명) 등으로 나타났음.

○ MICE 행사의 행사기간별 개최 현황

구분	개최 건수	외국인 참가자 수	내국인 참가자 수	전체 참가자 수
1일	8,438	22,507	1,559,179	1,581,686
2일	3,723	38,596	1,418,142	1,456,738
3일	2,161	102,598	2,822,596	2,925,194
4일	2,650	210,724	2,623,317	2,834,041
5일	2,170	140,174	584,834	725,008
6일	672	41,629	138,104	179,733
7일 이상	702	36,254	268,336	304,590
총합계	20,516	592,482	9,414,508	10,006,990

- MICE 행사를 개최하는 주최기관을 성격별로 분류하면, 일반 기업, 공공기관, 학회, 협회, 정부 등으로 분류할 수 있음.
- 각 주최기관별 개최 현황을 살펴보면, 기업에서 개최한 행사가 7,633건, 정부 5,133건, 공공기관 2,472건, 협회 1,625건, 학회 750건 등으로 나타남
- 주최기관별 참가자 수는 정부에서 개최한 행사가 323.7만 명(외국인 29.9만 명)으로 가장 높은 수치를 기록하였으며, 협회에서 개최한 행사에 265.5만 명(외국인 8.0만 명), 기업 236.5만 명(외국인 9.5만 명)의 순으로 나타남.

○ MICE 행사의 주최기관별 개최 현황

구분	개최 건수	외국인 참가자 수	내국인 참가자 수	전체 참가자 수
기업	7,633	94,871	2,269,674	2,364,545
공공	2,472	50,044	802,596	852,640
협회	1,625	79,937	2,575,066	2,655,003
정부	5,133	299,442	2,937,222	3,236,664
학회	750	37,005	257,678	294,683
기타	2,903	31,183	572,272	603,455
총합계	20,516	592,482	9,414,508	10,006,990

④ 행사 유형별 개최 현황

- MICE 행사의 각 유형별(Meeting, Incentive, Convention, Exhibition) 개최 건수는 Meeting이 14,487건, Incentive가 5,050건, Convention이 500건, Exhibition이 479건으로 나타남.
- 각 유형별 참가자 수는 Exhibition이 720.5만 명(외국인 9.9만 명), Meeting이 180.7만 명(외국인 2.4만 명), Convention이 66.2만 명(외국인 13.7만 명), Incentive가 33.3만 명(외국인 33.3만 명)으로 나타남.

○ MICE 행사의 유형별 개최 현황

구분	개최 건수	외국인 참가자 수	내국인 참가자 수	전체 참가자 수
Meeting	14,487	24,097	1,782,523	1,806,620
Incentive	5,050	332,789	–	332,789
Convention	500	136,529	525,680	662,209
Exhibition	479	99,067	7,106,305	7,205,372
총합계	20,516	592,482	9,414,508	10,006,990

5 행사 주제별 개최 현황

• 주제별 MICE 행사 개최 건수를 살펴보면, 기업/경영 분야가 7,234건으로 가장 많이 개최된 것으로 나타났으며 교육 1,564건, 과학기술 961건, 경제/금융 926건, 의학 861건으로 나타남.

• 참가자 수는 관광/교통 분야의 행사가 197.5만 명(외국인 5.9만 명), 기업/경영 분야가 112.0만 명(외국인 1.4만 명), 교육 분야가 93.8만 명(외국인 0.6만 명), 문화 분야가 90.7만 명(외국인 1.7만 명), 과학기술 분야가 74.5만 명(외국인 3.7만 명) 순으로 나타남.

○ MICE 행사의 행사 주제별 개최 현황

구분	개최 건수	외국인 참가자 수	내국인 참가자 수	전체 참가자 수
기업/경영	7,234	14,221	1,105,781	1,120,002
과학기술	961	37,282	707,791	745,073
의학	861	31,411	677,296	708,707
정보통신	350	6,446	267,991	274,437
교육	1,564	5,812	932,557	938,369
사회과학	536	817	51,293	52,110
경제/금융	926	20,629	442,207	462,836
문화	380	17,028	889,552	906,580
정치/법률	291	2,331	36,432	38,763
환경	268	7,708	201,795	209,503
관광/교통	303	59,248	1,916,048	1,975,296
주택/건설	202	3,630	296,252	299,882
농수산/식품	219	16,312	575,896	592,208
언론	48	580	9,742	10,322

국방/안보	70	1,783	20,572	22,355
스포츠/레저	107	1,423	93,112	94,535
예술	43	9,770	355,852	365,622
해양	165	2,940	27,770	30,710
자연과학	87	4,184	62,121	66,305
패션/섬유	96	1,812	359,075	360,887
종교	215	3,927	115,415	119,342
역사	19	56	2,583	2,639
기타	521	10,343	267,375	277,718
총합계	15,466	259,693	9,414,508	9,674,201

주: 인센티브 행사 5,050건을 제외한 수치임.

6 광역시도별 개최 현황

- 전국 16개 광역시도별 MICE 행사 개최 건수를 보면, 서울에서 3,533건이 개최되었으며, 부산에서 2,495건, 강원도에서 1,778건, 광주에서 1,286건, 경남에서 1,130건 순으로 개최되었음.

- 각 지역별 행사의 참가자 수는 부산에서 266.4만 명(외국인 7.9만 명), 서울 241.6만 명(외국인 8.2만 명), 경기도 108.7만 명(외국인 2.0만 명), 대구 82.8만 명(외국인 0.8만 명) 순으로 나타남.

○ 전국 16개 광역시도별 MICE 행사 개최 현황

구분	개최 건수	외국인 참가자 수	내국인 참가자 수	전체 참가자 수
서울특별시	3,533	81,821	2,334,498	2,416,319
부산광역시	2,495	79,084	2,584,496	2,663,580
광주광역시	1,286	10,821	752,871	763,692
경상남도	1,130	5,963	454,209	460,172
대구광역시	1,031	7,795	820,357	828,152
경기도	609	19,553	1,067,444	1,086,997
제주특별자치도	624	14,968	117,495	132,463
대전광역시	352	13,609	581,049	594,658
인천광역시	292	8,512	162,253	170,765
충청남도	110	407	19,652	20,059
경상북도	626	2,271	49,804	52,075
강원도	1,778	690	153,610	154,300
전라북도	1,066	12,860	259,578	272,438

	493	79	44,300	44,379
충청북도	493	79	44,300	44,379
전라남도	36	1,060	12,420	13,480
울산광역시	5	200	472	672
총합계	15,466	259,693	9,414,508	9,674,201

주: 인센티브 행사 5,050건을 제외한 수치임.

⑦ 시설 유형별 개최 현황

- MICE 행사가 개최된 시설을 각 유형별로 분류하면 컨벤션센터/전문전시장, 호텔 및 휴양콘도미니엄, 대학교/연구기관, 정부 관공서 등으로 분류할 수 있음

- 개최 시설 유형별 개최 건수는 호텔 및 휴양콘도미니엄에서 8,079건이 개최되었으며, 컨벤션센터/전문전시장에서 5,818건, 정부 관공서에서 954건, 대학교/연구기관에서 411건, 그 밖의 시설에서 204건이 개최되었음.

- 참가자 수는 컨벤션센터/전문전시장에서 845.7만 명(외국인 18.9만 명), 호텔 및 휴양콘도미니엄에서 77.7만 명(외국인 4.0만 명), 기타시설에서 23.7만 명(외국인 1.9만 명), 정부 관공서 11.8만 명(외국인 0.2만 명), 대학교/연구기관에서 8.4만 명(외국인 1.0만 명)으로 나타남.

O MICE 시설 유형별 개최 현황

구분	개최 건수	외국인 참가자 수	내국인 참가자 수	전체 참가자 수
컨벤션센터/전문전시장	5,818	188,546	8,268,480	8,457,026
호텔 및 휴양콘도미니엄	8,079	39,986	737,365	777,351
정부 관공서	954	1,573	116,899	118,472
대학교/연구기관	411	10,378	73,503	83,881
기타	204	19,210	218,261	237,471
총합계	15,466	259,693	9,414,508	9,674,201

주: 인센티브 행사 5,050건을 제외한 수치임.

⑧ 참가자 규모별 개최 현황

- 전체 참가자의 규모별 MICE 행사 개최 건수를 살펴보면, 250명 미만의 규모로 개최된 행사가 17,897건(전체 117.3만 명, 외국인 28.5만 명)으로 가장 높은 비율을 차지하고 있으며, 250명 이상 500명 미만의 행사가 1,334건(전체 45.4만 명, 외국인 5.7만 명), 500명 이상 1,000명 미만의 행사가 474건(전체

31.2만 명, 외국인 6.4만명), 2,500명 이상의 행사가 473건(전체 761.8만 명, 외국인 15.3만 명), 1,000명 이상 ~ 2,500명 미만의 행사가 338건(전체 45.0만 명, 외국인 3.4만 명) 등의 순으로 나타남.

○ 전체 참가자 규모별 MICE 행사 개최 현황

구분	개최 건수	외국인 참가자 수	내국인 참가자 수	전체 참가자 수
250명 미만	17,897	284,965	887,864	1,172,829
250명 이상 ~ 500명 미만	1,334	56,790	397,684	454,474
500명 이상 ~ 1,000명 미만	474	63,990	247,632	311,622
1,000명 이상 ~ 2,500명 미만	338	33,717	416,782	450,499
2,500명 이상	473	153,020	7,464,546	7,617,566
총합계	20,516	592,482	9,414,508	10,006,990

9 외국인 참가자 규모별 개최 현황

• MICE 행사에 참가한 외국인 참가자의 규모별 개최 현황을 살펴보면 50명 미만이 참가한 행사가 17,828건, 50명 이상 100명 미만의 외국인이 참가한 행사가 1,323건, 100명 이상 250명 미만이 참가한 행사가 984건, 250명 이상 500명 미만이 참가한 행사가 210건 등의 순으로 나타남.

• 전체 참가자 수는 50명 미만의 행사가 345.7만 명(외국인 10.5만 명)으로 가장 많은 참가자 수를 기록하였으며, 1,000명 이상의 행사가 263.4만 명 (외국인 12.8만 명), 100명 이상 250명 미만의 행사는 144.4만 명(외국인 13.5만 명) 순으로 나타남.

○ 외국인 참가자 규모별 MICE 행사 개최 현황

구분	개최 건수	외국인 참가자 수	내국인 참가자 수	전체 참가자 수
50명 미만	17,828	105,323	3,351,858	3,457,181
50명 이상 ~ 100명 미만	1,323	85,725	570,029	655,754
100명 이상 ~ 250명 미만	984	134,750	1,309,652	1,444,402
250명 이상 ~ 500명 미만	210	64,352	863,158	927,510
500명 이상 ~ 1,000명 미만	115	74,809	813,503	888,312
1,000명 이상	56	127,523	2,506,308	2,633,831
총합계	20,516	592,482	9,414,508	10,006,990

- 인센티브 행사 5,050건을 제외하고, MICE 행사를 개최하는 데 소요된 예산
  규모별 행사의 개최 건수 현황을 살펴보면, 1천만원 미만이 소요된 행사가
  11,858건, 1천만원 이상 2,500만원 미만이 1,997건, 2,500만원 이상 5천만원
  미만이 706건, 1억원 이상 5억원 미만이 423건, 5천만 원 이상 1억원 미만이
  416건으로 나타남.

- 참가자 수는 예산 규모가 1억원 이상 5억원 미만의 행사가 320.3만 명(외국
  인 7.3만 명), 10억원 이상의 행사가 228.1만 명(외국인 7.5만 명), 5억원 이상
  10억원 미만의 행사가 131.5만 명(외국인 2.1만 명), 1천만원 미만의 행사가
  92.6만 명(외국인 0.5만명), 5천만원 이상 1억원 미만의 행사가 89.8만 명(외
  국인 4.2만 명) 등으로 나타남.

○ 예산 규모별 MICE 행사 개최 현황

구분	개최 건수	외국인 참가자 수	내국인 참가자 수	전체 참가자 수
1천만원 미만	11,858	5,485	920,187	925,672
1천만원 이상 ~ 2,500만원 미만	1,997	14,705	547,673	562,378
2,500만원 이상 ~ 5천만원 미만	706	28,555	460,524	489,079
5천만원 이상 ~ 1억원 미만	416	41,945	855,798	897,743
1억원 이상 ~ 5억원 미만	423	72,541	3,130,490	3,203,031
5억원 이상 ~ 10억원 미만	47	20,972	1,293,993	1,314,965
10억원 이상	19	75,490	2,205,843	2,281,333
총합계	15,466	259,693	9,414,508	9,674,201

주: 인센티브 행사 5,050건을 제외한 수치임.

참고문헌

1. 국내문헌

(1) 서 적

고영복, 현대사회학, 법문사, 1984.

김동승, 호텔식음료 서비스, 지문사, 1993.

김성혁, 국제회의산업론, 대왕사, 1995.

김성혁·유동근, 이벤트 전시회, AMI컨설팅그룹, 1993.

김수현, 국제회의 실무, 문지사, 2001.

김진섭, 호텔경영론, 형설출판사 1998.

김충호, 호텔경영론, 형설출판사 1991. 1995.

김흥대, 신고객행동론, 형설출판사, 1991.

문영수, 전시학개론, 한국국제전시회, 1999.

민병호·제해성 Exhibition & Convention 컨벤션센터와 무역전시관 건축, 구미서관, 2001.

박강수, 마케팅관리론, (서울 : 세경사, 1989).

박현지, 인터넷시대의 관광이벤트론, 형설출판사, 2001.

서성환, 고객행동론, 박영사, 1993.

송용섭, 고객행동론, 법문사, 1993.

안경모.김영준, 국제회의 실무기획. 백산출판사. 1999.

안경모.이광우, 국제회의 기획경영론. 백산출판사. 1999.

안용변, 고객행동, 법문사, 1988

윤대순, 여행사경영론, 기문사, 1997.

이동기, 전시·컨벤션전문가 양성과정, 한국무역협회, 1999.

이장춘, 통일, 정치, 관광, 대왕사, 1995.

이항구, 관광법리학통론, 백산출판사, 1993.

이호근·오승일, 식음료관리, 명보출판사, 1992.

주현식·박봉규, 컨벤션관리론, 도서출판 대명, 2003

진동언, 전시회 기획 및 개발전략, 한국무역협회, 1999.

최동열, 호텔연회관리, 백산출판사.

최승이, 국제관광론, 대왕사, 1993.

최승이·한광종, 국제회의산업론, 백산출판사 1995.

최태광, 국제회의경영론, 기문사, 1998.

표성수·장혜숙, 최신관광계획개발론, 형설출판사, 1995.

홍재화, 박람회와 마케팅, 홍진문화사.

(2) 논 문

강경희, 호텔컨벤션의 선택속성에 관한 연구 : 호텔컨벤션 종사원을 중심으로, 세종대학
교 경영대학원, 2000.

강동한, 국제회의산업 전문인력 개발방안, 한양대학교 대학원, 2000.

고재윤, "연회 Theme 상품개발의 필요성과 활성화방안에 관한 연구." 관광 개발논총 제2
호, 1993.

고화옥, 한국 국제회의 산업의 활성화방안에 관한 연구 ; 호텔컨벤션사업을 중심으로, 경
희대학교 경영대학원, 1994.

구완서, 우리나라 호텔컨벤션산업 육성에 관한 연구 ; 호텔의 컨벤션 유치노력을 중심으
로, 세종대학교 대학 원, 1994.

권상영, 국제회의산업의 경제적 효과에 관한 연구, 동아대학교 대학원, 1997.

김건수, 컨벤션산업의 활성화를 위한 법 제도적 개선방안 연구, 동아대학교 대학원, 2012

김서화, 호텔컨벤션산업에 관한 연구, 세종대학교 대학원, 1990.

김세권, 관광호텔 연회 매출 증진에 관한 연구, 경기대학교 대학원, 1991.

김수라, "고객의 자아개념이 호텔선택에 미치는 영향에 관한 연구." 경희대학교 대학원,
1992.

김영기, 한국의 국제회의산업 진흥전략에 관한 연구, 경기대학교 관광전문대학원, 2001.

김왕상, 관광호텔의서비스 품질향상을 위한 실증적 연구. 경기대학교 대학원, 1996.

김오용, 컨벤션 기획사의 자질 분석, 한림대학교 국제대학원, 2001.

김은정, 국제회의 개최에 있어서 사무국 구성에 관한 연구, 한림대학교 국제대학원, 2000.

김의근, 제주지역 국제회의산업 육성정책에 관한 연구, 경기대학교 대학원, 2000.

김익중, 호텔이미지 변수가 고객의 만족/불만족 및 재방문의 평가 합치적 접근, 광운대학
교 대학원, 1993.

김인호, 관광지의 만족/불만족 및 재방문의 평가합치적 접근. 광운대학교 대학원, 1993.

김종호, 국제회의산업의 활성화방안에 관한 연구, 경기대학교 경영대학원, 2000.

김재보, 호텔 마케팅전략에 관한 연구, 서울대학교 대학원, 1989.

김정옥, 호텔선택에 있어서 관여의 영향에 관한 연구, 세종대학교 대학원, 1992.

김화경, 관광호텔 연회상품 선택행동에 관한 연구, 경기대학교 대학원, 2000.

남궁의용, 회의개최지 속성 중요도에 관한 연구 : 국제회의를 중심으로, 세종대학교 대학원, 1994.

남윤정, 한국 국제회의 발전을 위한 국제호의 전담기관 및 PCO개발전략, 경희대학교 대학원, 1999.

노용호, 회의유치를 위한 호텔마케팅전략에 관한 연구 : 회의기획자의 호텔 선택 속성을 중심으로, 계명대학교 경영대학원, 1998.

류서정, 한국 국제회의산업 진흥방안에 관한 연구, 관동대학교 대학원, 2000.

박미자, 우리나라 호텔컨벤션의 효율적인 운영관리에 관한 연구 : 연회예약 업무를 중심으로, 경희대학교 대학 원, 1990.

박소연, 호텔 국제회의장 선택에 미치는 영향요인에 관한 연구 : 서울지역 특 1급호텔을 중심으로, 세종대학교 경영대학원, 2000.

박수자, 우리나라 국제회의산업의 활성화방안에 관한 연구, 동아대학교 경영대학원, 1990.

박신자, 인간의 행동과 동기부여, 경희호텔 전문대학 논문집, 제9호, 1988.

배정훈, 국제회의 진흥방안에 관한 연구, 경기대학교 대학원, 2001.

백근종, COVENTION 산업육성방안에 관한 연구 국제회의를 중심으로, 경희대학교 대학 원, 1985.

서태양, 관광지 포지션에 관한 연구, 인하대학교 대학원, 1991.

손일락, 호텔기업 식음료상품 포지셔닝전략에 관한 연구, 경기대학교 대학원. 1991

손정미, 컨벤션서비스 평가속성에 관한 연구외국인 참가자의 관점에서, 한림대학교 국제대학원, 2000.

송재정, 우리나라 호텔연회 주제상품의 육성방안에 관한 연구, 세종대학교 경영대학원, 1994.

신은경, 국제회의산업의 발전방향, 단국대 경영대학원, 2000. 안영아, 컨벤션센터 건설의 잠재적 적합성을 위 한 고객만족도 분석에 관한 연구, 세종대학교 대학원, 1997.

양인숙, 한국 컨벤션산업의 국제경쟁력 강화에 관한 연구, 경기대학교 대학원, 1999.

양정윤, 호텔식당의 선택행동 및 만족도에 관한 연구, 한국외식경영학 연구, 식음료경영 연구, 제4집

오문환, "호텔고객의 호텔선택에 있어서 가격과 서비스가 미치는 영향에 관한 연구", 관광학연구, 제15호, 1991.

원융희, "관광호텔 불평불만 감소방안에 관한 연구", 대전실전 논문집, 제13호, 1984.

유정남, "관광호텔 고객만족을 위한 제도개선에 관한 연구", 한국여행학회, 제5호, 1997.

유재홍, 한국 국제회의산업의 진흥방안에 관한 연구, 경기대학교 관광전문 대학원, 2000.

윤성신, 국내외 전시장 건축계획적 요소에 관한 비교연구, 연세대학교 산업대학원, 2000.

윤성임, 국제회의업의 효율적인 운영방안, 경기대학교 대학원, 2000.

이민수, 호텔선택시 결정속성에 관한 연구, 연세대학교 대학원, 1989.

이범찬, 호텔식음료부문에 있어서 방켓의 특수성에 관한 고찰. 세종대학교 경영대학원, 1989.

이선희, 한국 호텔기업의 서비스마케팅전략 개발에 관한 연구, 경기대학교 대학원, 1986.

이순영, 국제회의 기획업체의 시장지향성에 관한 실증 연구, 한림대학교 국제대학원, 2000.

이애주, 관광지 선택행동에 관한 연구, 세종대학교 대학원, 1989.

이자형, 한국의 국제회의 발전역사에 관한 연구 : 근대화 이후 개최된 국제회의를 중심으로, 한림대학교 국제 대학원, 2001.

이주형, 관광호텔 서비스질 평가모형에 관한 연구, 경기대학교 대학원, 1994.

이창영, 호텔 연회부문의 효과적인 활성화방안에 관한 연구, 세종대학교 경영대학원, 1990.

이창현, 국내전시 참가기업의 전시회참여 형태분석 및 성과평가에 관한 연구, 한림대학교 국제대학원, 2001.

이춘섭, 컨벤션 기획사 현실화 방안에 관한 연구 한국과 미국의 사례를 중심으로, 호서대학교 벤처전문대학원, 2006.

임재문, 국제회의 참가자 선택속성 중요도 인식에 관한 연구, 경기대학교 대학원, 2001.

장윤선, 우리나라 컨벤션산업의 육성방안에 관한 연구, 세종대학교 경영대학원, 2000.

전성숙, 국내 호텔 국제회의산업 육성방안, 서강대학교 경영대학원, 1999.

전혜연, 국제회의 유치전략과 활성화방안, 경희대학교 대학원, 1995.

정광철, 한국 국제회의 유치방안에 관한 연구, 경기대학교 국제대학원, 2001.

정세환, 국제회의 전담조직의 설립 운영방안, 한림대학교 국제대학원, 2001.

정호선, 국제회의 행사증진을 위한 방안과 그 선택 속성에 관한 연구, 세종대학교 경영대학원, 2000.

조춘봉, 호텔연회서비스의 품질향상과 종업원직무 만족에 관한 연구, 경기대학교 대학원, 2000.

지계웅, 국제회의 기획자의 능력에 대한 요구평가에 관한 연구, 경기대학교 대학원, 2001.

최승만, 호텔산업의 국제회의 유치전략에 관한 연구, 경원대학교 대학원, 1995.

한광종, 국제회의 유치산업 활성화방안에 관한 연구, 경기대학교 대학원, 1991.

한동윤, 경영성과 위주의 관광호텔 마케팅전략 모형개발에 관한 연구, 경남대학교 대학원, 1989.

한상희, 부산 컨벤션 및 관광객 전담기구 설립에 따른 관련 단체들의 인식에 관한 연구-부산지역을 중심으로, 한림대학교 국제대학원, 2001.

허영희, 한극컨벤션산업의 국제경쟁력 제고방안에 관한 연구, 연세대학교 경영대학원, 1997.

홍성건, 국내 개최 전시회를 통한 전시산업의 변화추이 분석 : 1966년 이후를 중심으로, 한림대학교 국제대학 원, 2001.

(3) 간행물 및 기타

'99 국제회의 기획 및 운영 CLINIC, 한국관광공사, 1999.

'2000 국제회의 기획 및 운영 CLINIC, 한국관광공사, 2000.

프린스호텔 스쿨, 레스토랑 연회연기실습(동경 : 프린스호텔 스쿨편, 1972)

한국관광연구원, 관광 I & I 정보, 제3권 제6호, 1998.

호텔신라 십년사, 1988.

월간 호텔.레스토랑, 1998.

국무총리실, MICE산업의 비전과 전략(2009.3).

지식경제부, 전시산업 경쟁력 강화 방안(2008.12).

COEX, 컨벤션산업의 현황 및 발전방안(2009).

성은희, 여러분은 MICE에 해하여 언제부터 알고 계셨습니까?,The MICE, Vol.7, 2008.

한국관광공사 자료

코엑스(COEX) www.coex.co.kr

벡스코(BEXCO) www.bexco.co.kr

대구전시컨벤션센터(EXCO) www.excodaegu.co.kr

제주국제컨벤션센터(ICC) www.iccjeju.co.kr

한국국제전시장(KINTEX) www.kintex.com

김대중컨벤션센터 www.kdjcenter.or.kr

창원컨벤션센터(CECO) www.ceco.co.kr

송도컨벤시아(Songdo Convensia) www.songdoconvensia.com

대전국제컨벤션센터(DCC) www.dcckorea.or.kr

한국관광공사 코리아MICE뷰로 k-mice.visitkorea.or.kr

서울컨벤션뷰로 kr.miceseoul.com

UFI Global Exhibition Industry Statics, 2011.

PCO협회, 대한민국 국제회의기획업 총람, PCO협회, 2013

인천시 '컨벤션·전시' 중심 국제도시 전략 수립. 연합뉴스 2014-09-25

서울시, 관광산업 핵심 '마이스' 전문인력 700명 키운다. 머니투데이 2014.07.10

3박4일 다보스포럼 개최로 스위스가 벌이들이는 비용은? 헤럴드경제 2014-01-21

'창조경제의 꽃' 경주 마이스 산업, 아시아를 넘어 세계로. 경북뉴스 2014-08-29

세계지식포럼 노하우 올해 미얀마에 수출. 매일경제 2014.05.20

세계 최고의 행사 개최 국가는 어디일까. 연합뉴스 2014-08-21

싱가포르 원스톱 시스템, 국제회의 유치 절대강자 초석. 동아일보 2014-08-22

국제협회연합 「UIA 보고서」 2013

www.gep.or.kr

싱가포르의 주요 산업: MICE, 의료관광을 중심으로, 대외경제정책연구원, 2011

Tradeshow Week, 2006

한국경제매거진 〈날아라 스펙왕〉 제 38호 (2013년 06월)

"대규모 국제행사 총연출…VIP일정 分단위까지 챙기죠" 한국경제 2010-01-02

세계가 주목하는 고부가가치 산업 '마이스'… 韓 현주소는? 머니투데이 2014.07.07

2. 외국문헌

1) 서양문헌

(1) 서 적

Service Standard for Banquet Operations, Hotel Shilla. W. M. Pride & O. C. Ferell, Marketing : Basic Concepts and Decisions, Hindsale : Drydenpress, 1985, 4th ed.

Albin B. Seaberg, Menu Design, Merchandising and Marketing. Assael, Consumer Behavior and Marking Action, Boston : Kent Publish Co., 1984.

Coleman Lee Finke. New Conference Models for the Information Age.

D. Hawkins, R, T, Besst, K. A. Coney, Consumer Behaviour-Implication for marking Strategy Business Publication Inc, Plano Texasm., 1983.

D, Hawkins, Roger. J. Best, K. A. Coney, Consumer Behavior, 2nd, ed. Dereck Torrington & John Chapman, Personal Management, (New Jersey : Prentice-Hall Inc., 1988).

Dorothy. Cohen, Consumer Behavior, New York : Random House, Inc. Gerald Zaltman and Melanie Wallendorf. Consumer Behavior : Basic Findings and Management Implications, 2nd ed., John Willy & Sons. 1983.

Henry Assae, Consumer Behavior and Marketing Action, 2nd ed., Boston : Kent Publishing Company, 1984.

J. Markin, Marketing, New Jersey : John Wiley & Sons Inc., 1979.

Kenneth E. Runyou, Consumer Behavior, Hinsda,e, Illinoise : The Dryden Press, 1980.

Leon G. Schiffman & Leslie L. Kanuk, Consumer Behavior, New York : Random House.

Leon G. Schiffman and Leslie L. Kanuk, Consumer behavior,(New Jersey : Prentice_Hall Inc., 1991.

Philip Kotler, Marketing Management : Analysis, Planning & Control, (New Jersey :

Prentice-Hall Inc., 1980.

R. M. Hogarth, Judgement and Choice : The Psychology of Decision. New York : John Wiley & Sons, 1980.

Robert Christ Mill & Alastair M. Morrison, The Tourism system, New York : Prentice_Hall Inc., 1985

Service Standard for Banquet Operations, Hotel Shilla.

W. M. Pride & O. C. Ferell, Making : Basic Concepts and Decisions, Hindsale : Drydenpress, 1985, 4th ed.

Woods Walter, Consumer Behavior, New York : North Holland, 1981.

James F. Engel, Roger D. Blackwell and Paul W. Miniard, Consumer Behavior, Hinsdale Illinoise : The Dryden Press, 1986.

(2) 논 문

G. Kinisely, "Greater Marketing Emphasis By 6 Holiday Inns Breaks Mold", Advertising Age, 1984.

John D. Lesure and Peter C. Yesawich, "Hospitality Marketing for the 90's : Effective Marketing Research", The Cornell HRA Quarterly, 1987.

Pierre Fihatrault & J. R. Ritchie., "The Impact of Situational Factors on the Evaluation of Hospitality Services", Journal of Travel Research, 1988.

Robert C. Lewis & Susan V. Morris, "The Positive Side of Guest Complaint", The Cornell H.R.A. Quarterly, Vol. 27., 1987.

Alian R. Anderson, "A Taxonomy of Consumer Satisfaction/ Dissatisfacion measures". Journal of Consumer Affairs, Vol. 11(2), 1977.

Bonnie J. Knutson, "Frequent Travelers : Making Them Happy and Bring Them Back", The Cornell H.R.A., 1988.

Bonnie J. Knutson, "Frequent Travellers : Making Them Happy and Bring Them Back", The Cornell H.R.A. Quarterly, Vol. 28., 1988.

Bruce E. Mattson, "Situational Influence on Store Choice", Journal of Retailing, Vol.58. No. 3., 1982.

Ernest R. Cadotte and Normandy Turgeon "Key Factors in Guest Satisfaction", The Cornell H.R.A Quarterly., 1988.

Festinger, Leon, A Theory of Cognitive Dissonance, Stanford University Press., 1957.

G. Kinisely, "Greater Marketing Emphasis By 6 Holiday Inns Breaks Mold", Advertising Age., 1984.

Carol A. King, "Service-Oriented Quality Control", The Cornell. H.R.A Quarterly.

Deighton, Jihn, "The Interaction of Advertising and Evidence", Journal of Consumer Research, Vol.11., 1984.

Geraldine Fennell, "Consumer's Perceptions the Product-Use Situation", Journal of Marketing., 1978.

J. A Czepiel, L. J. Rosenbeg & A. Akerele, "Perspectives on Consumer Satisfaction in New Marking for Social and Economic Process and Marking Contributions to the Firm and Society, Combined Processing", Chicago : American Marketing Association, 1974.

J. R. Brent Ritchie & Jotindar S. Johar, "Seasonal Segmentation of the Tourism Market Using a Benefit Segmentation Framework", Journal of Travel Research, Vol.23, No.2, Fall, 1984.

Janes A Russel of Alberk Mechrabian "Environmental Variables in Consumer Research", Journal of Consumer Research, June., 1976.

Jay D. Lindqwist, "Meaning of Image", Journal of Retailing, Vol, 50., 1974~1975.

John D. Lesure and Peter C. Yesawich, "Hospitality Marketing for the 90's : Effective Marketing Research", The Cornell HRA Quarterly., 1987.

Jonathan D. Barsky & Richard Labagh, "A Strategy for Customer Satisfaction", The Cornell H.R.A. Quarterly, Vol.33., 1993.

Leslie P. June and Stephen L. J. Smith, "Service Attributes and Situation Effects on Consumer Preference for Restaurant Dining", Journal of Travel, 1987.

Oliver, Richard L., "Hedonic Reaction to the Disconfirmation of Product Performance Expectation : Some Moderating Conditions", Journal of Applied Psychology, Vol. 61(2)., 1976.

Olshavsky, Richard W. and John A. Miller, "Consumer Expectations, Product Performance, and Perceive Product Quality", Journal of Marketing Research, Vol. 9, 1972.

Pauline J. Sheldon and J. Mak, "The Demand for Package Tours : A Mode Choice Model", Journal of Travel Research, Winter 1987.

Pauline J. Sheldon $ Morton Fox, "The Role of Food service in vacation Choice and Experiment : A Cross-Cultural Analysis", Journal of Travel Research, Vol. 27, No. 2,1, 1988.

Peter R. Dickson "Person-Situation : Segmentation's Missing Link", Consumer Behavior for Marketing Managers, Roston, All in and Bacon Inc,. 1983.

R. L. Jenkins, "Family Decision_Making", Journal of Tourism Research, Vol. 16., 1978.

R. W. Belk, "Situational Variables and Consumer behavior", Journal of Consumer Research, Vol. 2., 1975.

Raymond P. Fisk, "Toward a Consumption / Evaluation Process for Services", Journal of

Marketing Research, 1981.

Richard J. Lutz & P. P. Kakkar, "The Psychological Situation as a Determinant of Consumer Behavior", Advances in Consumer Research, Vol. 2., 1975.

Robert F. Young, "Segmenting State Travel Information Inquires by Timing of the Destination and Previous Experience", Journal Tourism Research, Winter, 1985.

Weaver, Donald and Philip Brickman, "Expectancy, Feedback and Disconfirmation as Independent Factors in Customer Satisfaction", Journal of Personality and Social Psychology, Vol. 30., 1974.

Yves Renoux, "Consumer Dissatisfaction and Public Policy", Fred, C. Allvine ed., Public Policy and Marketing Practices, Chicago : AMA, 1973.

Roger Dickinson, "Search Behavior : A Note", Journal of Consumer Research, No, 9. June, 1982.

W. Fred Van Raaij & Dich A. Francken, "Vacation Decision, Activities and Satisfaction", Annals of Tourism Research, Vol. 11, No. 1, 1984.

(3) 간행물

AMA, American Marketing Association Irma S.Mann, "The Affluent : A Look at Their Expectations & Service Standard", The Cornell H.R.A. Quarterly, Vol. 34, October, 1993.

컨벤션 산업이란 무엇인가?

김화경 교수

CONTENTS

Ⅰ. 강사 소개

김화경 교수

1. 전공: 호텔 연회, 컨벤션 마케팅기획
2. 주요경력:
    - 삼성그룹 신라 호텔 마케팅 팀 근무
    - 산업통상자원부 자문 및 평가 위원
    - 문화체육관광부 국제회의 자문위원
    - 교육부, 한국 철도공사 국제행사 자문
    - ASEM, APEC, 세계관광장관행사 자문
    - 제주 관광공사 마케팅협의회 위원
    - 한국 MICE 협회 자문위원
    - 한국 산학경영학회 회장
    - 한국 무역전시학회.기업경영학회 부회장
    - 한국컨벤션학회, 문화교류학회부회장등

2. 신라호텔 소개

신라호텔

- 2010년 – G20 서울 정상회의 VIP 투숙호텔
- 2009년 – 미국 Zagat 지 선정 국내 최고 호텔
- 2008년 – 미국 인스티튜셔널 인베스트지 세계 100대 호텔선정
- 2007년 – Asisa money 지 선정 서울 최고의 호텔
- 2006년 – 영국 Euro money 지 선정 서울지역 (5년 연속) 1위
- 2005년 – 미국 conde nast traveler 지 선정 Gold list
- 2004년 – 영국 Euro money 지 선정 서울지역 1위
- 2003년 – NCSI 호텔부문 1위
- 2001년 – FIFA 선정월드컵 VIP 투숙호텔
- 2000년 – 미국 Institutional Investor 誌 선정, 세계 최고 호텔 39위

2. 신라호텔 소개

신라호텔

- 그랜드볼룸 다이너스티 홀

1. 국내 최고의 대형 연회장 다이너스티 홀

2. APEC, 88서울 올림픽 본부호텔, IOC 총회,
아시아 태평양 각료회의 등 성공적인 개최

3. 신라호텔 행사 기획

신라호텔 VIP파티

3. 신라호텔 행사 기획

신라호텔 비엔나 오페라볼 파티 (오페라가수와 함께)

3. 신라호텔 행사 기획

신라호텔 비엔나 오페라볼 만찬행사

3. 신라호텔 행사 기획

신라호텔 미스 U.S.A 초청 파티

3. 신라호텔 행사 기획

신라호텔 VIP 기념식

3. 신라호텔 행사 기획

신라호텔 VIP 클럽 10주년 기념식

3. 신라호텔 행사 기획

신라호텔 스타 쉐프 초청 행사

3. 신라호텔 행사 기획

신라호텔 영빈관 야외가든 파티

3. 신라호텔 국제행사 기획

신라호텔과 일본 오쿠라 호텔과의 국제교류행사

4. 신라호텔 88올림픽 행사

88 올림픽본부 호텔 만찬 행사등 (사마란치 올림픽조직위원장 참석)

5.기타 정부행사

서울 에어쇼 VIP 리셉션

6. 기타 학회행사 기획

강은희 국회의원(왼쪽), LGU+ 이상철 부회장(가운데), 저자 김화경(오른쪽)

한국마사회 현명관 회장

왼쪽부터 저자 김화경, 강은희 국회의원, 한국마사회 현명관 회장

말산업과 관광·레저산업의
창조적 융합 발전 심포지엄

목 적 | 국가 신성장 동력산업으로서의 민(民), 관(官), 산(産), 학(學) 협력 프로젝트 구축

일 시 | 2013년 12월 5일 목요일 (오후4시~9시)

장 소 | 한국 마사회 럭키빌 6층 컨벤션홀 (과천시 4호선 경마공원역 1번출구 도보 5분)

안녕하십니까?
(사)한국산학경영학회 회장 김화정교수입니다.

본 학회는 정부, 기업, 학계가 참여하여 통합적인 학술대회를 개최함으로서
국가와 사회 발전을 위해 다양한 협력 모델을 제시하는 학술단체입니다.

이번 심포지엄은 21세기 유망한 산업으로 급부상하고 있는 말산업을
新관광레저산업으로 발전시켜,
창조경제시대에 국가의 신성장 동력산업으로 육성하기 위하여 준비했습니다.

최근 '말산업 육성법'이 제정되어 정부와 지방자치단체들이 적극 나서고 있어,

고소득 시대에 부합하는 녹색 국민 레저산업,
국민 삶의 질을 높이고 건강사회를 이끌어가는 웰빙산업,
풍요로운 농어촌 사회를 만들어 가는 활력산업으로의 발전을 이끌어 낼 수 있을 것으로 확신합니다.

'말산업 육성법'은 세계 최초로 말이라는 단일 축종을 대상으로 한 법안입니다.
이 법안에 따르면 농림수산식품부는 5년마다 말산업 육성에 관한 종합계획을 수립해야 합니다.
이는 정부가 말산업에 대해 가지고 있는 강력한 의지를 단적으로 보여주고 있는 것입니다.

이에 민(民), 관(官), 산(産), 학(學)의 협력체계를 구축하여
회원들간 정보교류와 인적네트워크의 장을 마련하고,
과거와는 다른 차원의 새로운 말산업 발전 방안을 제시하고자
본 심포지엄을 개최합니다.

많은 관심과 조언을 부탁드립니다.

감사합니다.

2013년 12월 5일
(사)한국산학경영학회 회장 김 화 경

*PROGRAM

구 분	시 간	내 용
입장	15:00~16:00	등 록 (리셉션 : 다 과)

제1부
심포지엄
	1부
	16:00~16:30
		사회 : 송홍규 교수 (장안대)
		1. 개 회 사 : 김화경 한국산학경영학회 회장
		2. 환 영 사 : 김영만 마사회 회장 직무대행
		3. 격 려 사 : 이동필 농림축산식품부 장관
		4. 축 사 : 최규성 국회의원 (농림축산식품해양수산위원장)
		     강은희 국회의원 (교육문화체육관광위원)
		     전용옥 부총장 (세종대)
		5. 기념촬영 : VIP

	2부 [발표]
	16:30~17:30
		발표·Ⅰ : 미래 환경변화에 대응한 말산업정책
		     권재한 국장 (농림축산식품부)
		발표·Ⅱ : 융합 관광으로서의 승마관광 활성화
		     박주영 박사 (한국문화관광연구원)
		발표·Ⅲ : 해외 말 산업 성공사례와 비전
		     이창열 교수 (Asia Pacific University)
		발표·Ⅳ : 한국마사회의 공익적 기능과 발전방안
		     윤정훈 교수 (서울대)

	3부 [종합토론]
	17:30~18:20
		좌 장 : 안종호 교수 (서울대, 한국 말산업 학회장)
		토론자 : 양흥석 본부장 (강원랜드 카지노사업본부)
		     안상근 과장 (문화체육관광부)
		     이상만 과장 (농림축산식품부)
		     정규엽 교수 (세종대, 전 호텔경영학회 회장)

장내정리	18:20~18:30	행운권 추첨1
제2부 만찬행사	18:30~20:00	만찬 (행운권 추첨2)

문의. 사무국장 이승영 (010-5409-7959)

주 최 : 사단법인 한국산학경영학회   후 원 : 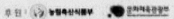 농림축산식품부   문화체육관광부   KRA 한국마사회

"한국의 경쟁력을 관광유치의 디딤돌로 삼아야"

세명대 호텔관광학부 김화경 교수

오는 5월 개교 20주년을 맞이하는 세명대학교가 주목을 받고 있다. 세명대학교는 교육과학기술부가 선정하는 '잘 가르치는 대학 best 11'에 선정되어 다시 한 번 학생들의 교육역량을 높이는 큰 계기를 마련했다.

김대수 기자 kds@

외국인 관광객 유치 달성에 열정을 다하는 김화경 교수

학부의 김화경 교수를 만나 국내 관광산업이 나아가야 할 방향에 대해 들었다.

세계적인 관광 목적지가 되려면 관광 시스템 구축해야

우리나라는 1962년 관광산업을 국가 전략산업으로 인정하여 한국관광공사를 설립하고 해외에 지사를 설치하여 관광 마케팅을 추진하여 이후 외래 관광객이 지속적으로 증가해왔으며 지난 2010년에는 외래 관광객 880만명을 유치하는 성과를 거뒀다. 이에 문화체육관광부와 한국관광공사는 당초 목표인 2012년을 1년 앞당긴 2011년 1,000만 명의 외국인 관광객 유치 달성하겠다는 계획이다. 세명대학교 호텔관광학부의 김화경 교수는 "1,000만명의 외국인 관광객 유치에는 여러 가지 전제가 있다"고 말한다. 우선 73,000실에 머물고 있는 호텔 객실 수를 대폭 늘려야 한다. 인구 60만명의 미국 라스베이거스만 하더라도 연간 약 3,600만명의 관광객(이중 외래 관광객 500만명)을 유치하고 있는데 호텔객실수가 무려 150,000실에 달한

이번 '잘 가르치는 대학 best11'의 선정으로 세명대학교는 밀착형교육을 통해 학생들의 비전을 설계하고, 미드필드인증제를 통해 이를 이수하는 학생만이 졸업을 가능하게 함으로써 규모에서 뿐만 아니라 질적으로도 엄청난 성장이 기대된다. 특히 제천국제한방바이오엑스포의 성공적인 개최에 세명대학교 한의대학이 많은 기여를 했으며, 현재 한의학과와 호텔관광학부는 힘을 합쳐 제천을 의료관광의 메카로 자리매김할 수 있도록 노력을 기울이고 있다. 세명대 호텔관광

다. 때문에 우리나라도 최고급 호텔이 아닌 다양한 숙박시설이 있어야 1,000만명을 넘어 1,500만명의 외래 관광객 유치도 가능하다는 것. 세계 경제포럼(WEF)에서 발표한 한국의 관광 경쟁력 순위는 조사대상 133개국 중 31위에 불과하며 이는 조사대상 139국 중 22위를 차지한 한국 전체의 국가 경쟁력보다도 낮은 순위다. 김 교수는 "관광 경쟁력은 정책 및 각종 규정, 환경 지속가능성, 보건/위생 등 14가지 항목을 갖고 분석하고 있다"면서 "세계적인 관광 목적지가 되기

위해서는 각종 사회 인프라와 더불어 외래 관광객들이 한국에 와서 편하게 전국 어느 곳이나 관광할 수 있는 시스템을 구축해야 한다"고 덧붙였다. 국제회의의 경우 한국은 2009년 기준 347건을 국내에 유치하여 세계 11위의 국제회의 개최국이 되었으며 도시별순위에서는 서울이 151건으로 세계9위를 기록하고 있다. 때문에 다양한 숙박시설 및 회의 시설 확충과 컨벤션마케팅을 고도화한다면 Top10에 진입할 수 있을 것으로 예상된다. 김 교수는 "전시의 경우 국내 개최 전시회의 93%가 국내 전시회로 국제화가 가장 시급한 부문"이라면서 "금년도 무역규모 1조 달러 달성이 우리나라의 목표인데 킨텍스(KINTEX)의 2단계 전시장 확장 공사가 완료되어 금년 9월 개관한다면 총 108,483㎡의 전시면적을 확보하므로 글로벌 화된 국제 전시회 개발 및 기획을 통하여 무역에 실질적으로 기여하는 전시산업 전략이 마련되어야 한다"고 말한다.

다. 이러한 문제점들이 선행되어 해결되지 않는 한 한국의 교육 경쟁력은 세계에서 점점 뒤처질 것이다. 기업들이나 전 세계가 원하는 인재를 양성하지 못하는 상황이 발생할 수도 있다"고 우려했다. 이어 그는 "선택과 집중의 전략을 갖고 관광 산업을 육성해야한다"면서 "한국이 세계에서, 아시아에서 가장 경쟁력을 갖고 있는 것이 무엇인가? 를 분석하고 선정하여 이를 관광유치의 디딤돌로 삼아야 한다"고 피력했다. 하와이나 라스베이거스 또는 발리나 태국은 4계절 태양(Sun), 바다(Sea),해변(Sand)을 즐길 수 있는 전천후 관광지이지만 한국은 4계절이 있어 보여 줄 것이 다양하지만 또 한편으로는 관광 비수기

선택과 집중의 전략으로 관광 산업 육성해야

김화경 교수는 미국이나 홍콩, 또는 싱가폴의 대학과 같이 우리나라 대학도 질 높은 교육을 제공하는 교육기관으로 거듭나야 한다고 말한다. 그는 "영국 타임스와 세계적 연구평가 기관인 톰슨 로이터가 공동 평가한 '2010년 세계 대학평가 순위 결과'를 보면 공대로 특성화된 POSTEC(28위), KAIST(79위)를 제외하면 한국의 국내 종합대학 순위는 모두 100위 밖에 밀려 있다"면서 "국내 대학의 연구 환경 분위기 취약, 투자 부족, 교수 대 학생 수 비율 등 여러 가지 문제가 있

김화경 세명대 호텔관광학부 교수

(현, 한국문화산업학회 부회장, 국제경영관리학회부회장, 한국무역전시학회부회장,한국전시산업진흥회해외전시 평가위원), 문화관광부 국제회의산업 자문위원역임, 산업자원부 무역전시 전문위원역임, 국제전시 실무위원역임, 대통령직 인수위 경제2분과 자문위원역임, 문화관광부 WTO세계관광장관회의 자문위원, 한국국제전시장(KINTEX) 자문위원역임, 제천시 뉴제천플랜 문화관광 위원장역임, 한국호텔경영연구소 연구위원역임, 한국컨벤션학회 부회장역임, ASEM행사 자문위원역임, APEC관광분과 행사자문 및 행사 포럼토론자역임, UNEP환경장관회의행사제주컨벤션센타 자문역임, 이화여대 국제회의센타 강사 및 자문위원역임.

라는 사이클도 갖고 있다. 김 교수는 "현재 한국은 1시간 반이면 도착할 수 있는 광대한 중국 관광시장을 갖고도 홍콩, 마카오, 싱가폴, 일본 등으로 이들 관광객을 빼앗기고 있다"면서 "이에 한국은 한국 나름대로의 독창적인 콘셉트을 갖고 외국인이 연중 찾을 수 있는 소재를 발굴하고 이를 계획하여 이행하는 것이 필요하다. 중국인이 선호하는 시설이나 관광 프로그램을 과감하게 시행하고 노 비자 문제도 전향적으로 실시할 필요가 있다"고 강조했다. 원거리 관광시장인 미국의 경우도 한국 동포가 200만 명 이상 거주하고 한국과 연고를 갖고 있는 입양아 가족, 한국전 참전용사 가족 등 네트워크 마케팅으로 얼마든지 국내에 끌어 들일 수 있는 관광수요가 있다. 김 교수는 "근거리를 선호하는 구미주 순수관광객의 특성상 한국을 택하는 유럽 및 미주의 원거리 순수관광객들은 매우 제한적인 수요밖에 없으므로 구미주 시장은 컨벤션을 비롯한 비즈니스 관광객의 유치에 중점을 두어야 할 것"이라면서 "한류 현상은 아시아를 넘어 전 세계로 퍼지고 있는데 정작 한류 관광 전략은 무엇인지 묻고 싶다. 한류관광에 대한 끝없는 스토리텔링을 만들어 내고 한류를 통해 알려진 관광지를 브랜딩하는 전략을 개발하여 이를 전 세계 관광객들에게 보여 주어야 한다"고 촉구했다. NM

매일경제 2000년 10월 11일 수요일

분석과 전망

10월에는 두 차례 대규모 국제행사가 예정되어 있다. 아시아와 유럽 26개국 정상이 번영과 안정의 동반자 관계를 설정하는 아셈회의가 열리고 이에 앞서 세계지식포럼이 열린다. 새천년 한국의 국제적 위상을 높일 수 있는 계기가 될 전망이다.

이 기간에 서울은 세계언론의 시선이 집중될 것이며 후속적으로 관광의 꽃이라 불리는 컨벤션산업을 비롯한 관광문화산업이 도약할 수 있는 기록제도 될 것이다.

아시아·유럽 정상회의는 정부수립 이래 한국이 주최하는 최대규모 국제회의다. 26명의 정상을 비롯해 대표단 기자단 경제인 등 참가대상 인원이 3000명에 달한다.

특히 JW메리어트호텔에서 열리는 세계지식포럼은 21세기 최대 화두인 지식경제를 주도하고 있는 각 분야의 세계리더 70명이 연사로 참여하는 초일류 포럼이다. 주최측은 이를 동아시아의 다보스회의로 끌고 간다는 계획을 세우고 있다.

이 같은 대규모 국제회의는 개최된다는 그 자체만으로도 중요한 의미를 지난다. 한자리에 26명의 정상이 모인다는 점, 지식시대에 생존과 번영의 지혜를 찾을 수 있는 기회이기 때문이다. 특히 이를 통해 그 동안 소외되어 왔던 국제회의에 대한 이해를 높일 수 있는 계기도 마련할 수 있다.

이번 아셈회의에서는 인터넷 홈페이지를 통해 3차원의 동영상을 제공하는 등 첨단정보기술에 의한 회의지원시스템을 구축했다. 컨벤션산업을 한 차원 높일 수 있는 계기가 될 전망이다. 컨벤션산업은 부가가치가 매우 높은 무공해 산업인데다 이를 통해 세계의 기술과 마케팅정보를 입수할 수 있다.

영국의 버밍엄은 원래 자동차중심의 도시였다. 그러나 일본 이 기술력과 마케팅력으로 무장해 세계시장에서 경쟁력을 갖추게 되자 버밍엄은 고전할 수밖에 없었다. 영국의 자동차산업 경쟁력이 떨어지면 버밍엄은 가난한 도시로 전락할 수밖에 없었다. 공장을 폐쇄해야 했고 그만큼 재정적으로도 어려움을 겪을 수밖에 없었다.

그래서 찾아낸 방안이 컨벤션산업 육성이다. 자동차산업의 몰락으로 피폐해진 도시 재건의 수단을 컨벤션산업에서 찾은 것이다.

독일의 서베를린과 프랑크푸르트도 마찬가지다. 서베를린은 지정학적으로 동독에 둘러싸여 있다. 그래서 교통이 불편한 산업도 구조적으로 낙후될 수밖에 없었다. 이를 돌파하는 수단

테·마·진·단

김화경
세명대 교수·호텔경영학 (경영학博)

아셈과 컨벤션산업

"세계지식포럼
아셈 개최 계기로
국민적 관심 높일때"

으로 독일은 서베를린을 컨벤션도시로 바꾸었다. 현재는 명실상부한 통일독일의 비즈니스 중심으로 기능하고 있다.

프랑크푸르트는 재정수입의 70%를 컨벤션과 전시회를 통해 얻고 있다. 일본도 도쿄, 마쿠하

리, 요코하마 등 3개 지역에서만 컨벤션산업을 통해 100억달러 이상의 외화를 벌어들이고 있다. 미국은 1890년 경제공황을 극복하기 위해 디트로이트를 시작으로 시카고, 뉴욕, 라스베이거스 등 900여 개 컨벤션의 전당으로 설치했다. 이는 지역경제 활성화의 견인차 구실을 해왔다. 컨벤션센터 건설은 대부분 대도시 중심가의 쇠퇴, 슬럼화를 해결하기 위한 수단이었으며 또한 도심 내 부적격 기능을 전략적 차원에서 재개발해 새로운 도시기능으로 대체하기 위해 추진되었다.

21세기는 문화의 시대다. 타 이태리와 같은 영화 한 편이 벌어들이는 달러는 수십만 대 자동차 수출액과 같다. 에딘버러 축제와 삿포로 축제와 같은 지역행사 역시 엄청난 외화를 벌어들인다. 아셈회의나 세계지식포럼은 대부분 사회지도급 인사가 참여하게 되므로 개최될은 물론 개최도시의 관광홍보는 뛰어난 경제적 효과를 가져오고 사회, 문화, 고용창출에 이르기까지 파급효과가 매우 큰 산업이다. 컨벤션은 이처럼 대부분 가치 관광산업이기 때문에 세계 각국의 유치경쟁이 뜨거운

달러박스다. 국제회의에 참석하는 외국인은 체류 일수가 일반관광객에 비해 길고, 1인당 지출액도 일반인의 평균 3배 이상 되기 때문이다.

국제회의는 100%에 가까운 외화가득률을 나타내며 참가하는 사람이 창출하는 부가가치는 컬러TV 9대, 다섯명의 참가자는 자동차 1대를 수출한 것과 같은 효과를 발생시킨다.

우리도 이번 경제난 해소의 한 방안으로서 선진국들이 오래 전부터 채택한 정책을 되새겨 볼 필요가 있다.

한국의 컨벤션산업은 세계 33위로 돼있다. 세계 전체의 1%정도를 유치하고 있다. 아시아에서도 싱가폴, 홍콩아어 8위에 머물고 있는 실정이다. 이번 아셈회의와 세계지식포럼은 그래서 더욱 중요한 의미를 지닌다.

이를 계기로 미국을 비롯한 유럽과 아시아 다른 나라에 비해 낙후된 컨벤션산업에 관심을 갖고 투자해야 할 시점이라고 생각한다.

날로 치열해지고 있는 국제회의 시장에서 보다 많은 회의를 유치하기 위해 국제회의 개최도시의 관광홍보 및 시장 경쟁력을 파악하고 시장의 욕구를 만족시킬 수 있는 마케팅전략이 필요하다.

21세기는 지식과 정보를 기반으로 한 문화산업이 그 나라의 경쟁력을 좌우하는 시점이다. 정부와 국민의 더 많은 관심과 성원이 필요한 시점이다.

테마진단

김화경
세명대 호텔경영학과 교수

컨벤션산업 육성 나서라

한국 방문의 해가 개막된 지 반년이 지난다. 그러나 관광객 추이를 보면 한국 방문의 해가 무색할 정도다. 지난 1분기 동안 내국인 출국자는 전년대비 약 11.8% 증가한 139만7000명에 달했다.

반면 외래 관광객 입국자는 모두 124만2000명으로 전년의 124만5000명보다 0.3% 감소한 것으로 나타나 98년 이래 4년 만에 관광수지가 적자로 반전될지도 모른다는 염려를 낳고 있는 실정이다.

관광산업은 '굴뚝 없는 무공해산업'으로서 21세기 최대 산업이며 세계 경제를 선도할 산업 부문으로 미래학자들은 예견한다. 세계관광기구(WTO)에 따르면 관광산업은 이미 전 세계 국민총생산(GNP)과 고용의 각각 10% 정도를 차지하는 거대 산업으로 성장했다.

미래학자 제레미 리프킨이 지적한

대로 최근 과학기술과 정보통신 발전에 따라 자동화가 급진전되고 있고, 그 결과 모든 산업영역에서 '노동의 종말'이 진행되며 실업률이 급증하고 있다.

그러나 교통 숙박 음식 쇼핑 엔터테인먼트 컨벤션 등을 포함하는 관광산업은 사람 손을 거쳐야만 가능한 산업이므로 관광산업이 발전하면 관련 산업분야에서 엄청난 고용유발 효과를 가져온다. 선·후진국을 막론하고 관광산업 진흥에 국론의 최고 우선순위를 부여하는 이유가 바로 여기에 있다.

高부가 '관광산업의 꽃'

이러한 관광산업을 활성화하고 재도약을 위한 하나의 방안으로 '관광산업의 꽃'이라 불리는 부가가치 높은 컨벤션산업을 집중적으로 육성한다면 우리나라 관광산업 발전의 전기가 마련될 수 있다고 본다.

특히 외국인 1000명이 참가하는 컨벤션의 경우 500만달러 이상의 생산효과를 가져오고 또한 컨벤션을 통해 최첨단 기술과 정보가 교류되는 기반을 마련한다는 점에서 그 의의는 실로 크다고 하겠다.

따라서 고부가가치산업이고 고용효과가 높은 컨벤션산업을 육성하는 데 범국가적 노력을 기울여야 한다는 것이다. 지금까지는 우리나라가 컨벤션 유치 건수가 100건 미만에 불과해 전

세계적으로 1% 정도였지만 무엇보다 올해는 한국 방문의 해이고, WTO 연례총회 개최, 내년에는 월드컵 행사 등 각종 국제행사가 개최될 예정이어서 컨벤션산업을 육성할 수 있는 호기이며 잠재적 여건은 매우 좋다.

관광산업 발전은 경제주체인 정부 기업 국민 등 세 주체의 유기적인 관계정립과 협동노력에 의해서만 가능하며 이들 3자의 조화는 상당한 상승(시너지) 효과를 잠재할 수 있다고 믿는다. 따라서 컨벤션산업을 중심으로 한 관광산업 육성방안도 이러한 3자 차원에서 대안을 제시할 수 있다.

첫째, 정부는 컨벤션을 국내에 유치하기 위해 보다 적극적인 노력을 전개하고 컨벤션 유치 전담조직의 조직과 활성화를 위해서만 적극적인 지원을 아끼지 말아야 한다. 또한 컨벤션 개최에 필요한 기본적인 기반시설 구축과 관련 제도 정비, 부족한 숙박시설과 이미 건설된 컨벤션시설 활성화를 위해서도 지방자치단체 등과 연계해 적극적인 활성화 방안을 모색해야 할 것이다.

둘째, 업계 차원에서는 우선 컨벤션산업의 무한한 잠재성을 재인식하고 숙박, 컨벤션시설, 교통, 통신, 인적자원 등 관련 산업부문 네트워크화하는 노력이 필요하며, 그리고 컨벤션전문회사(PCO)들이 고도로 전문

화·정보화·시스템화해 국제경쟁력을 가질 수 있는 업계 차원의 노력이 필요하며, 정부도 이들 컨벤션 전문회사가 적정한 수익구조를 가지고 국제적으로 경쟁할 수 있도록 지원이 돼야 한다.

활성화방안 서둘러야

셋째, 민간 차원에서는 컨벤션 개최와 관광객을 수용하기 위한 국민의식의 국제화, 자원봉사단체(NPO)의 체계화, 국민 각자의 환대와 친절 제도, 자율에 의한 국민생활의 기초질서 확립, 민박(home stay) 제도의 자발적 참여 등을 통한 변화와 지원이 요망된다.

추후 관광환경 변화에 대한 예리한 분석과 예측으로 컨벤션산업을 중심으로 한 전략 개발과 적극적인 실천, 컨벤션 도시 지정과 내실화를 통해 한국 관광산업의 발전을 도모한다면 대한민국은 21세기 관광 선진국으로 도약할 수 있다는 확신을 준다.

이러한 우리의 비전은 국가와 국민 모두의 문제다. 이로 인해 파생될 경제력, 고용효과, 부가가치는 한국 관광의 미래를 반석 위에 굳건하게 자리할 수 있게 할 것이다.

*본란의 내용은 본지의 편집방향과 일치하지 않을 수도 있습니다.

한국의 세계 展示산업 시장점유율은 0.8%

월간조선
2007년 3월
기사내용
발췌

세계 무역의 2.8% 차지하는 경제규모에 비해 지나치게 왜소

金 和 慶 세명大 호텔경영학과 교수

국제회의 참가자 지출, 관광객의 4배

스위스의 작은 도시 다보스는 세계의 정치·경제·기업인들이 대거 참가하는 「다보스 세계경제 포럼」을 매년 개최하면서 세계적인 도시가 됐다. 미국의 라스베이거스는 컴퓨터 관련 전시회인 「컴덱스(COMDEX)」를 개최하면서부터 '도박 도시'의 이미지를 벗고 세계적인 컨벤션 개최지·IT산업 도시로 자리매김 했다.

부산이 국제적인 인지도를 얻게 된 것은 「2005 APEC 정상회의」 덕분이었다. 부산은 이후 2006년 국제회의 개최도시 아시아 10위(UIA·국제협회연합 발표 자료)에 올라섰다. 아시아 10위 도시 중 非수도 도시는 부산과 중국의 上海(상해)가

유일했다.

요즘 세계의 국제적인 도시들은 컨벤션 산업에 초점을 두고 도시를 설계하는 경향이 강하다. 컨벤션 산업이 도시와 국가 마케팅 전략의 핵심요소로 떠오르고 있다.

우리나라가 본격적으로 컨벤션 산업에 관심을 가진 것은 한국관광공사가 1979년 개최한 PATA(아시아태평양관광협회) 총회가 계기였다.

UIA 2005년 국제회의 통계자료에 따르면, 한국은 이 해에 총 185건의 회의를 개최했다. 전년보다 12.8%가 늘어난 수치로, 세계 14위, 아시아 2위였다. 도시별로는 서울이 세계 9위(아시아 2위)를 기록해, 중국의 北京(북경)과 일본의 도쿄와 어깨를 나란히 했다.

현재 국내에는 서울의 코엑스와 일산 킨텍스를 비롯, 대구·부산·제주·광주·

前 세명大 호텔경영학과 교수, 문화관광부 자문위원, 산업자원부 자문위원.

창원에 총 7개 컨벤션 센터가 있다. 모두 합치면 총 18만5000m²의 展示(전시) 면적이다. 공간은 다른 나라보다 다소 협소하지만, 최신식 첨단설비와 시스템을 갖춰 홍콩·마카오·싱가포르 등과 어깨를 나란히 할 수 있었다.

우리의 展示산업은 1980년대 초 국제종합박람회를 개최한 이래 20년 동안 괄목할 만한 성장세를 유지하고 있다. 전국 10개의 주요 전시장을 확보했고, 2005년에 총 375개의 전시회를 개최했다.

한국의 무역 규모가 세계 무역의 2.8%를 차지하는 데 반해, 展示산업의 시장점유율은 0.8%에 불과하다.

컨벤션 산업은 국제교류로 自國(자국)을 홍보하고, 항공산업·여행업·호텔업은 물론, 일반 소비재 산업에 이익을 줘 지역경제 활성화에 이바지한다.

한국관광공사 통계에 따르면, 국내에서 개최된 국제회의 참가자 1인당 지출액은 약 2366달러로 일반 관광객(984

독일 하노버에서 열리는 전자제품 전시회 세빗. 독일은 전시·컨벤션 산업으로 연간 25만 명의 고용창출 효과를 낸다.

달러)의 2.4배에 달했다.

지난 1월31일 서울 코엑스는 아시아 최대 국제회의인 「2008년 APLIC(아시아태평양생명보험국제회의)」를 유치하는 데 성공했다. 최소 1만여 명에 달하는 참가자들이 회의 기간에 지출할 비용은 400억원 이상이 될 것으로 추정된다. 5만 명이 참가할 것으로 예상되는 「2009년 국제로타리클럽총회」의 생산 유발 효과는 2173억원에 달할 것으로 보인다.

독일에서는 25만 명 고용창출 효과

행사를 치르고 난 뒤에 오는 「포스트 효과」는 더 엄청나다.

「2001년 APEC」을 개최했던 上海의 경우, APEC 개최 후 호텔 투숙률이 꾸준히 80%를 상회하고 있다. 제조·항만·물류유통·항공 등 지역 관련 산업에 확산된 APEC의 2·3차 파급효과 역시 대단했다. 회의 기간 중 全세계에 방영된 上海의 브랜드 이미지 상승효과도 무시할 수 없다.

전시 컨벤션 산업이 가장 발달한 미국은 1980년대부터 항공사·호텔·렌터카 회사 등 관련 업종 간 파트너십을 체결해 「패키지 서비스」를 제공하고 있다. 전시 컨벤션 센터가 소재하고 있는 각 도시별로 여행

객 안내소가 있고, 웹사이트를 운영하고 있어 호텔·오락·쇼핑·스포츠·기후·展示기획 및 전시장 부스장치 공사 등 관련 정보를 원스톱으로 고객에게 알려 준다.

展示산업의 메카로 인정받은 독일은 연간 230여 유로의 총생산 효과를 내며 25만 명의 고용창출 효과를 거두고 있다. 세계 10大 전시장 중 4개가 독일에 있을 정도로 정부의 지원이 적극적이었고, 展示·컨벤션 센터 자체의 브랜드 파워로 경쟁력을 높였다.

하노버·프랑크푸르트·뮌헨·뒤셀도르프 등에 위치한 각각의 센터마다 정보통신·자동차·스포츠·레저·패션의류 등 분야별로 전문화된 展示사업 네트워크를 구축했다.

싱가포르는 정부의 지원과 관심이 매우 높다. 싱가포르는 싱가포르 관광청 산하에 展示·컨벤션국을 설치하고 국제적인 전시컨벤션 유치에 역점을 두고 있다.

우리나라의 경우 한국관광공사가 코리아컨벤션뷰로를 구성해 국제회의 유치부터 개최까지의 全과정을 지원하고 있다. 대구·부산·제주·대전 등 지자체들이 각국의 컨벤션 기관과 경쟁을 벌이고 있다. 하지만 정부의 의지와 지원이 여전히 부족하다.

싱가포르와 태국에서는 컨벤션 유치기관이 행사장 사용료와 참가자 만찬비용 등을 전액 또는 일부분 지원해 주고 있다.

중국과 싱가포르에서는 컨벤션 개최

> 展示산업의 메카로 인정받은 독일은 연간 230억 유로의 총생산효과를 내며 25만 명의 고용창출 효과를 거두고 있다. 세계 10大 전시장 중 4개가 독일에 있을 정도로 정부의 지원이 적극적이었다.

시 참가자들에게 공항에서의 VIP 영접 및 공항 세관 통과時 편의를 제공한다. 비자발급 협조는 물론 공항과 시내 곳곳에 환영 현수막을 설치해 좋은 인상을 남기려고 노력한다. 유럽을 비롯한 다른 나라들에서는 컨벤션 참가자들을 위한 왕궁에서의 연회가 인기지만, 우리나라는 古宮(고궁)에서의 연회가 규제되고 있다.

전문人力 양성 필요

현재 국내 몇몇 대학에서 컨벤션과 국제회의 관련 학과가 신설·운영되고 있지만, 역사가 깊지 못한 탓에 체계적인 전문인력 양성 프로그램을 구축하지 못했다.

한국은 지난해에 「2008 UNICITY 글로벌 컨벤션」, 「JCI 아시아/태평양」 등 굵직한 국제회의를 비롯해 약 70건의 회의를 유치했다. 참가자는 10만 명에 이른다. 놀라운 성과지만, 우리의 컨벤션 산업이 갈 길이 멀다. 업그레이드된 전략 수립과 물적·인적 인프라 구축에 정부와 지자체가 合心(합심)할 때다. ●

일자리 늘리려면 관광산업 키워야

서울 중심가를 빛내는 화려한 조명과 달리 국민의 마음은 어둡다. 불황으로 일자리를 찾지 못한 젊은이들을 보면 마음이 더 무겁다. 일자리 창출과 관련해 제조업 못지않게 중요한 분야가 관광문화산업이다. 제조업의 쇠퇴를 방치해서는 안 되지만 관광문화산업의 발전을 외면해서도 안 된다. 선진국의 사례가 이를 잘 말해 준다.

유럽연합(EU) 집행위원회 보고서에 따르면 지난해 EU 문화산업 시장 규모는 3750억 달러로 벤츠, BMW 등 유럽 자동차기업의 매출액보다 몇 배나 많았다고 한다. EU 문화산업의 고용인구는 580만 명으로 자동차산업의 일자리 수를 넘는다. 자동차 기업은 이미 수만 명의 종업원을 해고했지만 문화산업 일자리는 해마다 평균 1.85%씩 늘어난다. 수백 년의 전통을 가진 문화상품 덕분이다. 로마시대 유적, 루브르박물관 등 유명 관광상품에서 패션 브랜드까지 문화산업을 유럽이 장악하고 있다.

한국 관광산업은 어떤가. 도시국가인 싱가포르를 찾는 관광객이 연간 1000만 명이 넘는데 한국을 찾는 관광객은 600만 명에 그친다. 우리가 자랑스러워하는 반만년의 역사와 전통, 금수강산이 세계적 차원에서는 경쟁력이 약하다. 오히려 한국의 고유문화가 홍보 부족으로 중국과 일본의 아류로 비친다.

관광 분야에서도 전략적 접근이 필요하다. 아이디어 개발을 통해 무에서 유를 만들어 내는 작업, 환경문제를 일으키지 않고 부가가치를 창조하는 작업이 필요하다. 역동하는 한국 이미지를 알리기 위한 'KOREA BRAND 재창출'이 절실하게 요청된다.

2008년 광화문 복원과 조선시대 6조 거리의 재현, 세종대왕 동상의 세종로 이전 사업은 그런 점에서 큰 의미를 갖는다. 한국의 전통과 문화가 정보기술(IT)문화 강국의 면모와 시너지 효과를 내도록 가다듬어야 한다. 정부와 지방자치단체, 기업과 학계가 한국적 관광이벤트 개발에 나서자.

김화경
세명대 교수
호텔관광학부

東亞日報
110-715 서울시 종로구 세종로 139

발행·편집인 金學俊	인쇄인 金載昊
논설실장 黃仁成	편집국장 林鈗淸

전화안내	02-2020-0114
e메일 주소	newsroom@donga.com

기사 의견·제보	전화 02-2020-0200
	팩스 02-2020-1139

독자투고	전화 02-2020-1290
	팩스 02-2020-1299
	야간팩스 02-2020-1249

1964년 1월 1일 등록번호 가-2호

ⓒ동아일보사 2006 1920년 4월 1일 창간
본지는 신문윤리강령 및 그 실천요강을 준수한다

구독신청·배달안내

서울	02-2020-0800	전국공통	1588-2020
	080-023-0555	울산	080-066-0555
부산	080-469-0555	전주	080-333-0555
대구	080-256-0555	창원	055-282-0667
대전	080-254-0555	청주	043-256-6668
광주	080-611-0555	제주	064-751-0048

한경 플라자
한국경제 (2007년 3월)

金和慶
세명대 교수·경영학

안방잔치 벗어나야할 전시산업

박람회는 19세기에 발명된 것이다. 우리가 잘 아는 예럽포는 파리만국박람회를 기념하기 위해 건립했다. 시카고박람회, 필라델피아박람회는 그 자체로 문명의 신기원을 세상에 드러내 보였던 전시회들이다. 신산업은 박람회를 통해 알려지고 박람회는 산업을 끌고가는 원동력이 되기도 했다. 백열등이 환한빛을 내며 밤을 밝힌 것도 필라델피아박람회가 처음이었다.

오늘날에도 모터쇼와 전자쇼 IT쇼들이 세계 각국에서 열리고 있으며 이들 전시회를 통해 우리는 새로운 상품을 만나고 산업의 트렌드를 보며 미지의 세계를 품꾸게 되는 것이다. 최근에는 전시회 자체가 스스로 거대한 산업으로 인식되고 있을 정도다. 산업과 관광을 연결하며 지식과 정보를 공유하도록 만들어 주는 사업이 바로 전시산업이다. 이러 한국에서도 많은 전시회가 열리고 있고 전시장 역시 적지 않은 규모로 세워져 위용(威容)을 뽐내고 있다.

현재 우리나라에는 COE 를 비롯해 KINTE, BECO,E CO등 크고작은 전시장들이 서울부산대구 등 대도시를 중심으로 세워져 있다. 2006년 현재 전시장 공급능력은 약 18만㎡이며, 360여개의 전시회를 개최하고 있다. 그러나 평균 가동률은 50%를 유지하고 있어서 아직은 미흡한 것이 사실이다. 성공도 있고 실패도 있다. 인천시가 추진하고 있는 영종도 전시장이 세워질 경우 한국의 전시산업은 큰 전기(轉機)를 맞을 것이 분명하다. 물론 전시장 공급과잉에 대한 논란 또한 없지는 않다.

영종도 전시장은 연면적 43만㎡, 세계 2위 규모의 전시장이다. 전시장 건설사업을 위해 인천시는 이탈리아 밀라노 전시장 소유주인 피에라 밀라노와 양해각서(MOU)를 체결해 놓고 있기도 하다. 2008년 착공해 2010년 완공을 목표로 하고 있다. 피에라 밀라노는 이 전시장에 가구와 패션, 건축, 의료기, 자동차 등의 전시회를 유치한다고 했다. 영종도의 피에라 밀라노 전시장과 KINTE 의 2,3차 전시장 건설계획(약 15만㎡)을 더하면 우리나라의 전시장 공급능력은 76만㎡에 이르게 될 것이다. 인프라 측면에서 보면 아시아권에서 중국 다음으로 거대한 전시장 소유 국가가 되는 것이다.

문제는 전시산업의 질이다. 전시산업 역시 이미 치열한 국제경쟁으로 접입하고 있다. 독일의 하노버 메세전시장이 최근 중국 상하이에 진출한 것은 이런 의미에서 우리에게는 밴동의 불이다. 이는 80년 이상의 전통을 가진 유럽의 전시장이 아시아 시장에 관심을 갖게 됐다는 것을 의미하며, 불류경제의 중심이 아시아로 이동하고 있다는 것을 증명하는 것이다. 이런 의미에서 유럽최대의 양대 산맥을 이루는 피에라 밀라노 전시장을 인천이 유치하려고 한 것은 충분히 주시할 만한 일이다.

초대형 전시공간을 중국에 장악당할 가능성이 높다는 점을 생각하면 더욱 그렇다. 대형 국제전시산업의 거점(據點)을 유치한다는 것은 동북아 거점 전략의 필수적인 요소이기도 하다. 다만 주의해야 할 것은 국내 전시장들 간 제살 깎아먹기가 아닌, 피에라 밀라노의 세계적 전시시스템과 네트워크가 대폭 지원됨으로써 동북아는 물론 아시아 전역의 불류 거점으로 육성돼야 한다는 것이다. 공급을 대폭 늘리고도 지금과 같은 유사전시회 또는 모방전시회로 채우게 된다면 한국의 전시산업 경쟁력은 지금보다 훨씬 더 열악한 상태로 전락할 것이다.

전시산업은 단순 가동률이나 관람객 입장수입 또는 임대수익으로 가늠할 수 없는 특징을 지닌다. 국가와 지역사회에 헤아릴 수 없는 경제적 파급효과를 창출하는 데서 큰 의미를 찾을 수 있다. 인구가 고작 50만~60만명 정도의 독일의 하노버는 전시산업으로 도시가 살아간다고 해도 과언이 아니다. 이탈리아 밀라노 역시 인구가 270만명에 불과하지만 이탈리아 최대의 불류산업도시이며 세계 최대의 명품공급도시다. 그래서 안방에서 밀리지 않겠다는 단순 경쟁논리보다 면밀한 시장전략에 입각한 국제화 차별화 전략으로 차근차근 파이를 키워나가는 중장기적 접근이 필요한 시점이다. 아직 국내 전시회에서 세계 최초의 상품이 전시되지 못하고 있는 것이 현실 아닌가 말이다.

기업 성장 및 국가브랜드 이미지 제고 동력 지원

김화경 (사)한국산학경영학회장

불확실한 경제상황에서 한국이 당면하고 있는 저성장과 고실업을 극복하기 위해선 산업계와 학계 그리고 정부가 긴밀하게 협력하는 길밖에 없습니다. 김화경 (사)한국산학경영학회장이 지난 11월 한국산학경영학회(KAISBA)는 최근 이사회를 열고 김화경 세명대 호텔경영학과 교수를 제 10대 학회장으로 선출했다고 밝혔다.

김화경 (사)한국산학경영학회장은 취임사를 통해 "개인적으로 많이 부족하다고 생각되지만 회원님들의 조언과 적극적인 참여를 통해 더욱 발전하는 학회가 되도록 최선을 다하겠다"고 밝혔다.

(사)한국산학경영학회 10대 학회장으로 취임한 김화경 교수는 문화관광부 국제회의산업자문위원, 산업자원부 무역전시전문위원, 국제전시 실무위원, 대통령직 인수위 경제2분과 자문위원, 한국컨벤션학회 부회장, 문화관광부 WTO세계관광장관회의 자문, 한국전시산업진흥회 해외전시 평가위원 등을 역임 하였으며, 현재 지식경제부 자체 평가위원, 한국국제경영관리학회 부회장, 한국 무역전시학회 부회장, 한국 국제문화교류학회부회장, 경기정보산업협회 학술이사등으로 활동 중이다.

(사)한국산학경영학회 10대 학회장으로 취임

김화경 (사)한국산학경영학회장은 취임사를 통해 "개인적으로 많이 부족하다고 생각되지만 회원님들의 조언과 적극적인 참여를 통해 더욱 발전하는 학회가 되도록 최선을 다하겠다"고 밝혔다. 지금의 불확실한 글로벌 경제상황은 무한 경쟁 속에서 기업으로 하여금 변화와 혁신을 요구하고 있다는 것이다.

김회장은 국가적으로 가장 중요한 화두로 대두된 저성장과 고 실업률 극복 문제도 극복할 방책이 있다고 말했다. 지난 11월 23일 '저성장시대의 일자리 창출을 위한 산·관·학 협력'이란 주제로 학술 행사를 연 것도 이런 김 회장의 생각을 반영한 것이다.

(사)한국산학경영학회는 불확실한 글로벌 금융 및 경제 상황과 무한경쟁 속에서 저성장과 고실업률의 극복은 국가적으로 가장 중요한 화두가 되어 정부, 기업, 학계가 상호 연계된 체계를 구축하여 국가경쟁력 강화 및 경제성장 고도화에 기여하고, 제반 산업에 대한 학술 연구를 통해 기업성장에 필요한 동력과 국가브랜드 이미지 제고를 위한 학술적 동력을 지원하는 학술단체다.

현재 (사)한국산학경영학회에서는 ▲정부-기업-학계의 참여를 통한 실효성 있는 학술대회 추진 ▲정기간행물 및 학술대회 논문집 등의 학술지 발행 ▲국내외 경영 및 산업공학 등 다양한 분야의 대학교수와 박사, 정부기관 및 기업체와 공동연구진을 구성해 6대 분야, 22개 신성장동력산업 프로젝트를 추진하고 있으며, 다양한 사회적 참여도 이루어지고 있다. 지난 11월 23일에는 KOTRA에서 '저성장 시대의 일자리 창출을 위한 산·관·학 협력'이라는 주제로 포럼을 개최하기도 했다.

이 행사에서는 환경경영대상, 경영대상 시상식과 아울러 '경제여건 변화와 지속 성장 전략과 일자리 창출', '일자리 창출을 위한 대중소기업의 선순환적 산업생태계 조성', '산학연관을 활용 신기술 개발 및 성공사례 및 발전방안', '중소기업의 글로벌 전략', '중견기업을 통한 일자리 창출' 등의 발표가 이루어졌다.

김화경 회장은 "국내외적으로 어려운 경제 여건과 실업률 증가에 따른 사회의 여러 문제에 대해 산학 협력으로 조금이나마 저희 학회가 도움이 될 수 있도록 노력을 기울이고 있다"면서 "그 일환으로 일자리 창출과 산학이 협력하여 사회의 문제들을 해결하는데 방향을 제시하고, 발전된 방향으로 나아가기 위하여 다양한 행사를 주최, 산학 협력의 시발점으로 주춧돌의 초석을 다지고, 미래지향적으로 사회 전반적인 주요 이슈에 대해 해결할 수 있는 방향을 다지는 자리를 마련하고자 했다"고 취지를 밝혔다.

김회장은 국가적으로 가장 중요한 화두로 대두된 저성장과 고 실업률 극복도 극복할 방책이 있다고 말했다. 지난 11월 23일 '저성장시대의 일자리 창출을 위한 산·관·학 협력' 이란 주제로 학술 행사를 연 것도 이런 김 회장의 생각을 반영한 것이다.

학술대회에는 지식경제부 홍석우 장관격려사를 비롯해 강은희 의원 축사, 이상철 LG 유플러스 부회장님기조연설, 전용욱 우송대 부총장 등 산·관·학 관계자 여러분이 참석했다. 학술대회에서 환경경영대상을 받으시는 리솜그룹 서환석 대표도 축하 인사를 했다.

산학협동 통해 기업의 경쟁력 제고 도모할 사업 추진

김화경 회장은 (사)한국산학경영학회를 그 명칭에 부합하는 학회답게 산학협동을 통한 기업의 경쟁력 제고에 도움을 주는 사업을 추진할 계획이다. 이에 김회장은 ▲산학협력과 융합에 부합되는 각 분야 산업체와의 협력관계에 대한 방향을 제시, 모범적 사례 구축을 통해 학계, 대기업과 중소기업을 아우를 수 있는

2012 한국산학경영학회 심포지엄 11.23

산학협력의 허브역할 ▲산학을 연계하는 경영학 연구를 통해 국가경쟁력 강화와 제고의 기여, 정책에 대한 국가차원의 중장기 정책과제를 개발 ▲새로운 산·관·학 협력 모델을 통한 청년일자리창출과 지속성장이라는 선순환경제구조 창출에 적극적으로 기여할 것이라고 밝혔다.

김화경 회장은 "제가 학회 회장의 소임을 맡고 있는 동안 이 세 가지 중점 사항에 대한 실천과 실행을 위하여 내실있는 결과와 최선의 노력을 기울일 것"이라며 "특히 회원들과 협력하여, 실행 할 수 있는 단기적 과제들은 신속하게 해결해 나가도록 하겠다"고 강조했다. 이어 "학회가 장기적으로 발전할 수 있도록 하기 위해서는 무엇보다도 회원 여러분의 도움과 적극적인 참여가 필요하다"면서 "한국산학경영학회가 설립된 후 지난 13여년 동안 유지되어 온 지금, 재도약의 시기를 맞이하여 회원 여러분과 함께 한국산학경영학회가 한국 경제및 산업의 고도화를 위한 산학협력 연구에 있어서 경쟁력 있는 학회가 될 수 있도록 함께 노력 하겠다"고 강한 포부를 밝혔다. **NM**

II. 컨벤션 산업이란 무엇인가

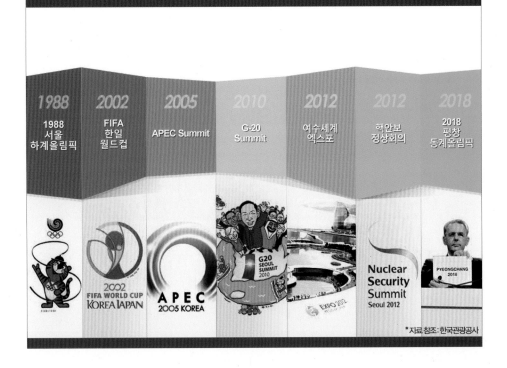

2018 평창동계올림픽 유치

컨벤션 산업의 개념 컨벤션 개최와 관련된 시설 및 서비스를 제공하는 산업

국제회의(CONVENTION)

공통된 주제를 가지고
전 세계 수 많은 사람들이 한 곳에 모여 의견을 나누는 회의

| con·vene | Convention | (함께, 서로) 만나다 |

◆ con = with, together
◆ vene = meet

최근 MICE산업으로 성장

Meeting

자유로운 분위기에서
유연하게 진행되는 중
·소규모의 회의
(빈번히 이루어지며
단시간에 종료)

Incentive

조직원들의 성과에
대한 보상 및 동기
부여를 위한
순수 보상 여행 및
보상 관광 회의

Convention

Meeting이 확장된
것으로, 대규모로
장기간에 거쳐
진행되는, 국제적
성격을 갖는 회의

Exhibition

유통, 무역업자,
소비자, 일반인 등
대상으로 판매,
마케팅 활동을
하는 각종 전시회

UIA 기준

– 참가자수가 300명 이상

– 외국인 비율이 40% 이상

– 참가국 수 5개국 이상

– 3일 이상인 회의

국제협회연합
(Union of International Association)

ICCA 기준

– 참가자수가 100명 이상

– 참가국수가 4개국 이상

세계 국제회의 전문협회
(International Congress & Convention
Association)

컨벤션의 종류

컨벤션 (Convention)	- 회의분야에서 가장 일반적으로 사용하는 용어 - 정보교환과 새로운 지식습득의 장으로 사용
컨퍼런스 (Conference)	- 많은 토론과 참여를 필요로 하는 회의에 사용되는 용어 - 학술적인 주제의 지식습득 및 문제연구
포럼 (Forum)	- 한 가지 주제에 대해 상반된 견해를 가진 전문가들이 청중 앞에서 벌이는 공개토론회
심포지엄 (Symposium)	- 전문가들이 청중 앞에서 벌이는 공개 토론회 - 포럼에 비해 형식을 갖추며 청중 질의기회가 적음
전시회 (Exhibition)	- 상품 및 서비스의 전시모임 - 컨벤션이나 컨퍼런스와 함께 개최되는 경우가 많음
무역박람회 (Trade Show)	- 부스를 이용, 판매자가 자사의 상품을 전시하는 형태의 행사 - 전시와 달리 컨벤션의 일부가 아닌 독립된 행사로 열림

컨벤션 산업의 구성

컨벤션 산업의 구성

컨벤션 뷰로
-방문객과 해당 도시내의 컨벤션산업 관련 업체간의 가교 역할
-컨벤션, 전시, 인센티브 여행의 유치 및 홍보, 마케팅을 지원
-해당도시나 지역을 대표하여 방문객의 유치 및 고객 서비스 제공

개최시설
-회의와 전시를 개최하도록 설계된 시설
-컨벤션 센터, 컨벤션 호텔, 컨퍼런스 센터 등이 있음

참가자
-컨벤션에 참석하는 사람들로써 비즈니스 여행객,
비자발적 참가자 및 비자발적 참가자가 있음

기획업체/기획사 (PCO, PEO)
-컨벤션 개최와 관련된 업무를 행사 주최측으로부터 위임 받아
컨벤션을 기획 및 준비

서비스 제공 업체
-컨벤션 개최 준비 및 운영시 필요한 각종 서비스 제공

컨벤션 산업의 효과

1 경제적 효과
• 외래 관광객 유치 (외화가득효과)
• 생산파급, 고용파급, 세수파급,
• 소득파급, 부가가치파급

2 연관 산업적 효과
• 산업 교역 증대(투자, 기술, 제품 등)
• 관련 산업의 선도적 위상 확립
• 관련 연구 증대

3 사회/문화적 효과
• 사회 및 문화적 교류, 자긍심 고취
• 사회기반시설 개선, 삶의 질 증대
• 인류 평화, 대중의 계몽 등

4 국제적 효과
• 지역 이미지 증대, 인지도 상승
• 국가의 국제적 친교 체계 구축,
• 국제화 마인드 고취 등

*자료 출처:2010 경희 관광산업연구원 컨벤션전시정책연구소 허준

컨벤션 산업의 효과

 =

컨벤션 참가자
1명

컬러TV 9대

*자료 출처 : 2010 경희 관광산업연구원 컨벤션전시 정책연구소 허준

컨벤션 산업의 효과

컨벤션 참가자
5명

자동차 1대

*자료 출처 : 2010 경희 관광산업연구원 컨벤션전시 정책연구소 허준

국제회의전문가

21세기 유망직종에서 인기직종으로 변신한 국제회의의 꽃

얼마 전 우리나라는 2018년 동계올림픽을 평창에서 열리도록 유치하는데 성공했습니다. 하지만 단지 동계올림픽만을 유치한다고 해서 우리나라에 경제적으로 큰 도움이 될까요? 아닙니다. 흔히 마이스산업이라고 불리는 회의(Meetiing), 보상관광(Incentive Tour), 컨벤션(Convention), 전시회(Exhibition)들을 우리나라로 유치해야만 올림픽 유치 이상의 경제적 파급효과를 기대할 수 있죠. 강원도 내에서 뿐만 아니라 각 지자체에서 현재 다양한 국제회의를 유치하고자 많은 노력을 하고 있는 지금 국제회의 전문가(PCO:(Professional Conference Organizer)가 더욱 각광을 받고 있습니다.

유럽 PCO시장 1위 MCI Group의 임유선 국제회의 전문가를 만나다

컨벤션 관련 직종

컨벤션 서비스	회의장·숙박·음식	수송	관광	기타
◆ 콩그레스 오거나이저 ◆ 통역, 번역 ◆ 속기, 인쇄 ◆ 출반, 복사 ◆ 사진, 전시업 ◆ 렌탈업 ◆ 그래픽디자인 ◆ 경비회사 ◆ 청소회사 ◆ 전기공사 ◆ 배관공사 ◆ 모형제작 ◆ 광고대리점 ◆ 예능사 ◆ DM대행업 ◆ 문구, 기념품 ◆ 토산품, 꽃집 ◆ 내레이터모델	◆ 회의장 ◆ 전시장 ◆ 견본시회의장 ◆ 여관 ◆ 호텔 ◆ 요정 ◆ 레스토랑 ◆ 급식산업 ◆ 커피숍 ◆ 바 ◆ 스포츠센터 ◆ 문화홀 ◆ 극장	◆ 항공회사 ◆ 여행대리점 ◆ 철도 ◆ 선박회사 ◆ 버스 ◆ 택시 ◆ 트럭 ◆ 통관업 ◆ 창고업 ◆ 배송업	◆ 관광시설 ◆ 오락시설 ◆ 미술관 ◆ 유원지 ◆ 동물원 ◆ 수족관 ◆ 관광정보센터 ◆ 플레이가이드 ◆ 문화시설	◆ 은행 ◆ 병원 ◆ 의원 ◆ 우체국 ◆ 전신전화 ◆ 국제전신 ◆ 매스컴(신문, 라디오,TV잡지)

*자료출처: 황희곤, 김성섭(2007), 미래형 컨벤션산업론, 백산출판사

컨벤션 기획사의 업무

- 국제회의의 기획 및 유치, 준비, 진행 등 관련된 제반 업무 조정 운영회의목표를 설정, 회의운영과 관련된 예산을 관리 등의 업무
- 이를 주최하기 위해 관련 업체 및 후원자들을 만나 행사의 크기, 형식, 예산 등에 대해 논의 함
- 참가자 등록업무, 숙박, 행정, 관광, 전시회 등의 국제회의 관련 준비를 진행, 개최할 국제회의를 국내외에 홍보, 통역사 및 관련 종사자를 섭외
- 행사 진행에 필요한 지원자들을 모집, 채용하여 교육시키고 지원자들의 활동을 지휘 · 감독

컨벤션 관련 직종

컨벤션 기획사의 업무

1. 회의기획	2. 회의준비	3.준비완료	4.현장진행 및 사후처리
사무국 구성 및 스태프배치	포스터 및 1차 안내서 제작, 발송	최종 프로그램 확정	최종 리허설
회의 개최계획서 작성	각 분과별 업무 메뉴얼 작성	사전등록 및 호텔예약 마감	사무국 이전
소요와 예산 편성	사전등록자 데이타관리	회의장 제반시설 점검	기자회견 / 회의 진행 및 운영
회의장 및 숙박시설 선정	예비 프로그램 작성	각종 사교행사장 점검	재무결산
	회의장 배치안 확정	언론홍보	총 평가회 개최

컨벤션 관련 직종

컨벤션 기획사의 업무

컨벤션 관련 직종

컨벤션 참가자 마케팅 – 광고 (Advertisement)

정확한 목표시장(target)에게, 컨벤션 개최지 및 개최되는 행사에 대한 강렬한
메시지(focused message)를, 적절한 매체(media)를 활용하여 전달 중요

컨벤션 관련 직종

행사주제 및 프로그램 기획

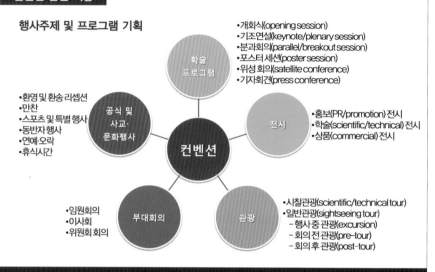

- 개회식(opening session)
- 기조연설(keynote/plenary session)
- 분과회의(parallel/breakout session)
- 포스터 세션(poster session)
- 위성 회의(satellite conference)
- 기자회견(press conference)

학술 프로그램

- 환영 및 환송 리셉션
- 만찬
- 스포츠 및 특별행사
- 동반자 행사
- 연예·오락
- 휴식시간

공식 및 사교·문화행사

전시
- 홍보(PR/promotion) 전시
- 학술(scientific/technical) 전시
- 상품(commercial) 전시

컨벤션

관광
- 시찰관광(scientific/technical tour)
- 일반관광(sightseeing tour)
  - 행사 중 관광(excursion)
  - 회의 전 관광(pre-tour)
  - 회의 후 관광(post-tour)

부대회의
- 임원회의
- 이사회
- 위원회 회의

컨벤션 관련 직종

취업 가능 분야

1. 회의/전시/이벤트
국제회의기획업, 전시기획업, 박람회기획사, 축제기획사, 공연기획사, 이벤트 기획업

2. 협회/학회/단체
정부회의기획사, 협회회의기획사, 기업회의기획사, 학술회의기획사, 독립회의기획사

3. 관광/통역
호텔컨벤션기획사, 관광기획업, 전문통역사, 전문가이드

4. 컨벤션센터/조직위
조직위원회, 사무국, 분과위원회, 정부기관, 컨벤션센터, 컨벤션뷰로

컨벤션기획사의 필요 자질

1. 조직력 / 리더십
세심함, 침착성, 구성원들을 운용할 수 있는 능력

2. 전문적인 경쟁력
분석능력, 개최지 평가능력, 외국문화에 대한 이해

3. 커뮤니케이션
주최자와 개최자의 공감대를 형성할 수 있는 커뮤니케이션 능력

4. 테크놀로지
첨단장비 사용 능력

*자료 출처: ICCOS국제회의전문가교육원, www.iccos.co.kr

컨벤션기획사 자격시험

급수	1급	2급
실시기관	한국산업인력공단 HUMAN RESOURCES DEVELOPMENT SERVICE OF KOREA	
응시자격	① 컨벤션기획사 2급 자격을 취득한 후 3년 이상 실무에 종사한 사람 ② 4년 이상 실무에 종사한 사람 ③ 외국에서 동일한 종목에 해당하는 자격을 취득한 사람	제한 없음
실시현황	계획 없음	필기 : 2012. 05. 20 실기 : 2012. 07. 07 ~ 2012. 07. 20 (1년 1회)

*자료 출처: 한국산업인력공단

컨벤션 관련 직종

컨벤션기획사 자격시험

구분		시험 과목	시험 시간	합격 기준
1급	필기	컨벤션 기획 실무론	2시간 30분	매 과목 40점 이상 전 과목 평균 60점 이상
		재무 회계론		
		컨벤션 마케팅		
	실기	컨벤션 실무	6시간	60점 이상
		컨벤션 기획 및 실무 제안서 작성		
		영어 프리젠테이션		
2급	필기	컨벤션 산업론	2시간 30분	매 과목 40점 이상 전과목 평균 60점 이상
		호텔관광실무론		
		컨벤션 영어		
	실기	컨벤션 기획 및 실무 제안서 작성	6시간	60점 이상
		영어 서신 작성		

*자료 출처 : 한국산업인력공단

III. 컨벤션 산업의 동향

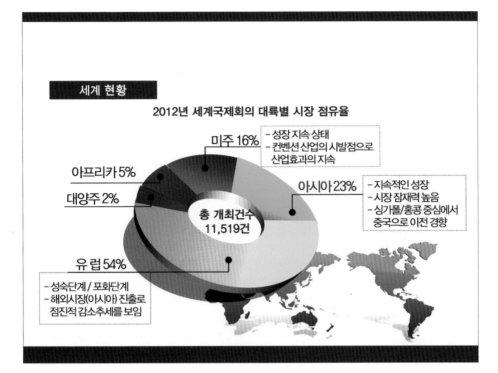

세계 현황

2012년 세계국제회의 대륙별 시장 점유율

미주 16%
- 성장 지속 상태
- 컨벤션 산업의 시발점으로 산업효과의 지속

아프리카 5%

대양주 2%

총 개최건수 11,519건

아시아 23%
- 지속적인 성장
- 시장 잠재력 높음
- 싱가폴/홍콩 중심에서 중국으로 이전 경향

유럽 54%

- 성숙단계 / 포화단계
- 해외시장(아시아) 진출로 점진적 감소추세를 보임

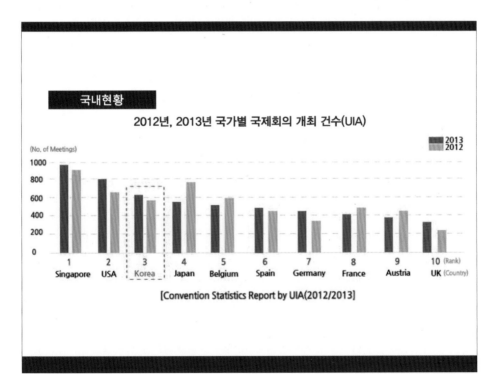

국내현황

2012년, 2013년 국가별 국제회의 개최 건수(UIA)

2013
2012

(No. of Meetings)

1000
800
600
400
200
0

1	2	3	4	5	6	7	8	9	10 (Rank)
Singapore	USA	Korea	Japan	Belgium	Spain	Germany	France	Austria	UK (Country)

[Convention Statistics Report by UIA(2012/2013]

2012년, 2013년 도시별 국제회의 개최 건수(UIA)

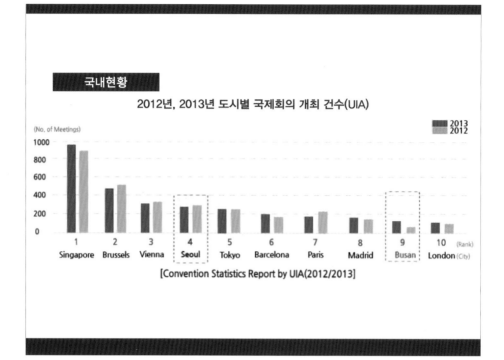

[Convention Statistics Report by UIA(2012/2013]

- 최근 5년 동안 국내 컨벤션 시장 규모의 지속적인 성장
- 국내 국제회의 산업이 짧은 육성기간에도 불구하고 큰 성장을 보임
- 현재를 기반으로 향후 더욱 성장할 수 있는 가능성 내포

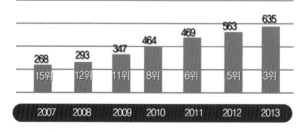

한국의 국제회의 건수 및 순위(UIA)

국내 컨벤션 센터

No.	Convention Center	개관년도	전시 총 면적(m2)	미팅룸 총면적(m2)	Max Capacity
1	COEX	1988	35,287	11,573	4,470
2	BEXCO	2001	46,380	12,662	9,822
3	ICCjeju	2003	2,395	7,845	4,300
4	KINTEX	2005	108,556	13,303	6,756
5	Songdo ConvensiA	2008	8,416	2,304	2,172
6	EXCO	2001	23,000	12,697	7,900
7	DCC	2008	2,520	4,862	2,857
8	Kimdaejung Convention Center	2005	9,072	6,526	4,960
9	CECO	2005	7,827	2,786	3,070
10	GSCO	2014			2,000
11	HICO	2015	6,273	12,927	3,420

*자료 출처: 한국관광공사

III. 컨벤션 산업의 동향

국내 컨벤션 센터
COEX

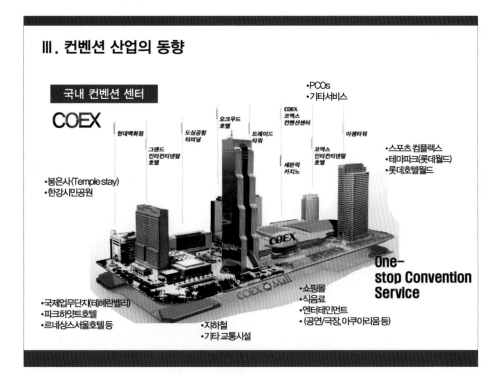

COEX

G-20 개최
2010년 11월

부가가치개최 효과 31조 2747억원
방문객 1만5천 명

- 부가가치 446억 원
- 직접효과 2667억 원
- 기업,국가 홍보비절감 1억5천만 달러
- 16만4762명의 취업유발 효과
- 경제 성장률 30%이상 상승의 효과
- 국립중앙박물관 연회행사 개최로 인해
  ★ Beautiful Memory ★ 효과

BEXCO

APEC회의 개최
2005년 11월

2013년 UIA기준 세계 9위의 컨벤션도시

- 도시와 국가 마케팅 전략의 핵심요소로 부상
- 세계적인 국제회의 개최를 통한 부산의 이미지 제고
- 非수도 이지만 국제적인 브랜드화 성공

싱가포르(Marina Bay Sands)

전시면적(75,000M²)

연간 1만 5천여 건의 컨벤션 발생
- 6천 개의 세계 기업체의 아시아 허브
- 2005년 인센티브 여행객의 규모는 전년대비 10~20% 증가로 추정

"Make it Singapore!" 캠페인 실시
- 최소 400개의 숙박객실을 사용하는 단체 대상
- 30% 이상의 재정지원과 안전시설, 환영행사 등의 서비스 제공

싱가포르 관광공사 해외지사의 MICE 마케팅 및 유치활동
- 정기적 세일즈콜, BT포럼, 팸 투어 개최
- 항공사, 법인 영업팀, 인센티브 담당자 등을 대상으로 봄, 가을 세미나 개최

홍콩(Hong Kong Convention and Exhibition Center)

전시면적(66,000M²)

'홍콩 리워드(Hong Kong Rewards)' 프로그램 실시
- 기업체 행사 및 인센티브 단체를 지원하는 프로그램
- 30인 이상 단체에게 인원수 증가에 따라 다양한 혜택 제공

컨벤션 전문부서 운영 및 지원활동
- 22개의 홍콩관광공사 해외사무소와 협력하여 홍보 및 판촉활동 전개
- 국제행사의 시작에서 마무리에 이르기까지 행사 주최자들을 지원

상해 포동 전시장(Shanghai New Int'l Expo Center)

2001년 APEC회의 개최

- 호텔 투숙율 80% 유지
- 상해의 브랜드 이미지 상승
- 왕궁, 고궁에서 연회 개최
- Beautiful Memory 제공

전시면적(130,000M²)

미국 라스베가스 컨벤션센터

전체 방문객의 약 20%가 컨벤션 목적 방문객

- 2006년 전체 방문객 3,737만 명 중 약 20%가 컨벤션 목적 방문객
- 연간 2만 3천여 건의 대형 전시회, 각종회의, 세미나 유치

완벽한 관광 인프라 구축

- 라스베가스 관광공사에서 라스베가스 컨벤션 센터를 직접 관리 운영
- 미국에서 가장 큰 10大 호텔 중 10개 집중

라스베가스 관광공사의 마케팅 및 유치활동

- 2004년 이후 지속적으로 기업체 인센티브 세미나 개최
- 미 최대 가전제품 박람회인 CES 사전 설명회 개최

전시면적(930,000M²)

미국 라스베가스

- Gambling City
- COMDEX 개최
- 세계최고의 컨벤션도시
- IT산업의 도시로의 변화

독일

- 전시,컨벤션센터 건설
- **세계 전시장의 20%차지**
- 베를린의 재정수입 70%
- **25만명의 고용창출 효과**
- 연간 230억 유로의
- 총생산효과
- 컨벤션센터 브랜드파워

러시아 모스크바

Moscow, All-Russian Exhibition Centre
VVC(Vserossiyskiy Vystavochny Centr)

- 연간 1,200만 명의 방문자
- 규모 : 2,375,000M²
- (실내 전시장 266,000M²)
- 연간 150회 이상의 전시회

스위스 다보스 포럼 (World Economic Forum)

- 취리히 → 다보스 150Km
- 인구 1만3천명의 시골 마을
- 해발 1540M
- 최악의 입지조건
- 과거 결핵환자 요양소

스위스 다보스 포럼 (World Economic Forum)

- 양질의 국제회의 개최
- 한 주제를 장기간, 정기적 개최
- 지역을 상징하는 랜드마크화

1971년 World Economic Forum 개최	세계적인 컨벤션 도시로 발전

스페인 바로셀로나포럼(Edifici Forum)

– 1992년 올림픽 유치

– 숙박시설 부족

– **크루즈를 이용한 해상호텔**
 (Floating Hotel)을 제공

– **이후 지중해 최고의 크루즈**
 기항지로 변모

스위스 다보스 포럼 (World Economic Forum)

-위기의 순간을 기회로 사용

-성공에 안주하지 않는 다양한 시도

-지역 균형발전 시도

| 공장지대와 빈민촌에 컨벤션센터 건설 | 올림픽 이후 2004년 '포럼 바로셀로나' 개최 | 국제적인 관광 컨벤션 도시로 성장 |

Ⅳ. 컨벤션 산업의 미래

지속적인 성장 이룩

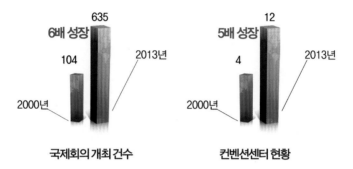

6배 성장

635

104

2013년

2000년

국제회의 개최 건수

5배 성장

12

4

2013년

2000년

컨벤션센터 현황

세계지식포럼

(World Knowledge Forum)

-'88년 서울 Coex건립 이후 지속적인 시설 확충으로 현재 전국에 12개 전시 컨벤션 시설을 보유하고 있으며 외형면에 서 크게 성장
(국내 전시장 면적은 10년간 약5배 증가 6만㎡ → 27만㎡)

-지난 10년간 전시산업의 성장률은 전체 경제 성장율 대비 3~5배 아시아의 경우 5배, 한국은 3.6배 정도로 크게 성장

-국제회의산업의 경우 아시아 시장이 성장을 견인 한국은 평균 362%로 급격히 성장

국내 컨벤션 산업

'09.1 국가 신성장동력산업으로 결정

- 정부의 MICE 산업 육성 의지

- MICE 관련 상품 및 시설 확충

- 다국적 기업의 회의시장 확대

- FTA 체결 및 외국과의 경제교류 확대

- IT산업 성장

해외 컨벤션 산업

전 세계적으로 컨벤션산업의 성장세는 연 5...
각국은 컨벤션시설을 경쟁적으로 증축

	유럽	북미	아시아	기타	합계
전시장수(개) ('10년 신규 건립 중)	477 (99)	370 (44)	143 (28)	114 (27)	1,104 (181)
전시면적(백만m2) ('06년~'10년 증가율, %)	16.2 (13%)	7.7 (8%)	4.6 (20%)	2.7 (17%)	31.1 (13%)

*자료 – UFI, The World map of Exhibition Venue and Future Trend
('07)전시장수와전시면적은 '10년 말 전망치, 증가율은 '06~'10년 기간

미국

⟨컨벤션업협회⟩(Convention Industry Council)가 2011년 2월에 발표한 ⟨미국 MICE산업의 경제적 효과⟩(the Economic Significance of Meetings to the U.S Economy)에 의하면, 2011년 미국 MICE산업의 총 경제효과는 약 9천억 달러였으며 업계 창출 일자리 수는 630만개에 달한 것으로 집계됨

캐나다

MPI CANADA가 발표한 ⟨캐나다 MICE산업의 경제적 효과⟩ (Meetings Activity in 2006 : a Portrait of the Canadian Sector)에 따르면, 2006년 캐나다 MICE 산업의 총 경제효과는 약 711억 달러였으며 업계 창출 일자리 수는 60만개에 달한 것으로 집계됨

저자약력

김화경 金和慶

현) 제주국제대학교 호텔관광학부 호텔경영학과 교수

이화여자대학교 문리대학 영어영문학과(학사)
연세대학교 대학원 경영학과(경영학 석사)
경기대학교 대학원 관광경영학과(경영학 박사)
삼성그룹 호텔신라 마케팅 및 컨벤션기획팀 근무
산업통상자원부 자체평가 위원
문화관광부 자문위원(국제회의산업 자문위원)
교육부 국제행사 자문
ASEM, APEC, WTO 세계관광장관회의 자문
대통령 자문위원회 자문위원(경제2분과)
한국 MICE협회 자문위원
제주관광공사 마케팅협의회 위원
한국 철도공사 KORAIL기술제안서 평가위원
한국전문경영인학회 부회장
한국산학경영학회 회장
한국기업경영학회 부회장
지식경제부 자체평가위원회 위원
한국의료관광학회 부회장
한국국제경영관리학회 부회장
산업인력공단 면접위원(국내여행안내사, 관광 통역안내사 면접)
한국무역전시학회 부회장
한국국제경영관리학회 부회장
이화여자대학교 자문위원(국제회의센타 자문)
호텔관광학회·호텔경영학회 이사
인터콘티네탈 호텔운영자문 위원
뉴제천플랜 문화관광분과 위원장
산업자원부 무역전시 위원
컨벤션학회 부회장
세명대학교 호텔경영학과 교수
한국관광공사 호텔지배인 자격증 면접위원
한국전시산업진흥회 해외 전시평가위원
킨텍스 마스터플랜 자문위원

논문
Popularity and risks of electronic gaming machines (EGM) for gamblers: The
    case of Australia, Tourism Analysis, 2013. 10. 10.
Service Quality with Satisfaction and Loyality in the Airline Industry, International
    Journal of Tourism Science, 2013. 12.
외 다수

저서
관광법규 기본서, 백산출판사, 2013. 9. 5.
파티기획의 이해, 백산출판사, 2013. 11. 11.
외 다수

글로벌시대의 **컨벤션 경영과 기획론**

2015년 1월 15일 초판 1쇄 인쇄
2015년 1월 20일 초판 1쇄 발행

지은이 김화경
펴낸이 진욱상 · 진성원
펴낸곳 백산출판사
교 정 편집부
본문디자인 오양현
표지디자인 오정은

저자와의
합의하에
인지첩부
생략

등 록 1974년 1월 9일 제1-72호
주 소 서울시 성북구 정릉로 157(백산빌딩 4층)
전 화 02-914-1621/02-917-6240
팩 스 02-912-4438
이메일 editbsp@naver.com
홈페이지 www.ibaeksan.kr

ISBN 979-11-5763-025-7
값 20,000원